U0363497

家养观赏鱼
系列

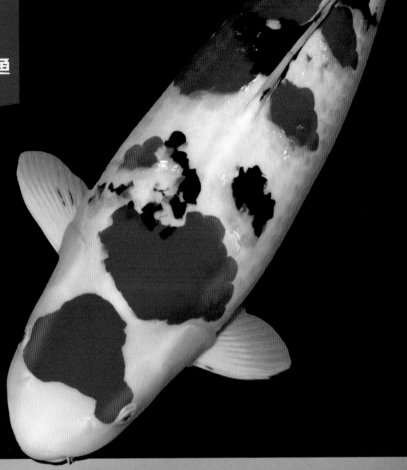

锦 鲤

■ 刘雅丹　白 明　主编

中国农业出版社
农村读物出版社
北 京

图书在版编目（CIP）数据

锦鲤 / 刘雅丹, 白明主编 . -- 北京：中国农业出版社, 2022.11
ISBN 978-7-109-17313-2

Ⅰ . ①锦… Ⅱ . ①刘… ②白… Ⅲ . ①淡水鱼类 – 观赏鱼类 – 鱼类养殖 Ⅳ . ① S965.8

中国版本图书馆 CIP 数据核字 (2012) 第 256000 号

锦鲤
JINLI

中国农业出版社出版
地址：北京市朝阳区麦子店街 18 号楼
邮编：100125
策划编辑：马春辉　　责任编辑：马春辉　周益平
责任校对：吴丽婷
印刷 北京中科印刷有限公司
版次：2022 年 11 月第 1 版
印次：2022 年 11 月北京第 1 次印刷
发行：新华书店北京发行所
开本：710mm×1000mm　1/16
印张：6
字数：100 千字
定价：48.00 元

家养观赏鱼系列丛书编委会

主　编：刘雅丹　白　明

副主编：朱　华　吴反修　代国庆

编　委：于　洁　邹强军　隋　然　张　蓉　赵　阳

　　　　单　袁　张馨馨　左花平

配　图：白　明

　　锦鲤是一个易于亲近、雅俗共赏的优良观赏鱼品种。如果说金鱼是水中牡丹，而锦鲤就是水中的五彩云霞，大气恢宏，明媚艳丽；如果说金鱼是水中仙子，具有阴柔之美，那么锦鲤则是水中王子，具有阳刚之气。锦鲤体形浑圆有力，泳姿豪迈，从容不迫，颇具王者风范；锦鲤个性和平，温和宽厚，生机盎然，寓意长寿吉祥。

　　锦鲤是近代与园林布景结合最紧密的观赏鱼。在都市生活中，我们常常将观赏鱼与池塘景观融为一体来展现静与动的和谐之美，特别是一些公园的水榭池塘中，一群群赏心悦目、色彩缤纷的鱼儿与园林景色相得益彰，它们不仅为景点增添了一抹亮色和无限的活力，同时也给人们的休闲生活增添了许多乐趣。园林里这些观赏鱼之中最为常见的当属锦鲤了。

在观赏鱼中，锦鲤以其形体大、色泽鲜艳、花纹美丽、雍容华贵、性格温和以及长寿而风靡全球，被誉为"水中活宝石"和"观赏鱼之王"。日本人把锦鲤奉为"神鱼""国鱼"，因为锦鲤具有一种以力称雄的内涵，其雄健的躯干给人以力量的感觉和魄力的启示；而中国人喜欢锦鲤，更看重其泰然自若、临危不惧的风度！中国鲤鱼跳龙门的故事，是传说千百年的励志故事，更是中国人民不畏惧艰辛、奋发进取的象征。目前，世界各国观赏锦鲤、养殖锦鲤的爱好者越来越多，不同的国度，不同的人，对锦鲤的鉴赏和品位虽然各不相同，然而，鲤鱼的吉祥含义已经深深地融入了各国的文化与生活之中。

家养锦鲤能让您赏心悦目、陶冶心境、寄托情思、自由遐想、乐而忘忧。坐在锦鲤池边，看到在霞光晖映下满池的金光闪烁，满池的花团锦簇，您会仿佛置身云彩之中，会想问问王母娘娘，是否把天空的彩锦散落到了水中？这也许就是锦鲤的魅力之所在吧！

编者

2022 年 8 月

目 录

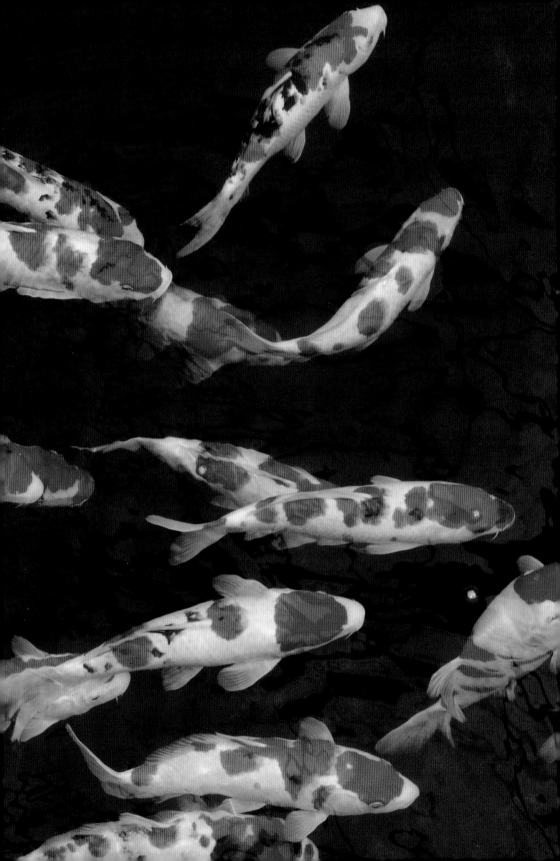

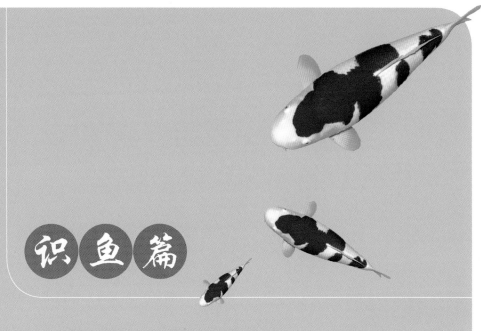

识鱼篇

　　锦鲤作为一种优雅大气的观赏鱼，已经风靡了全世界，被誉为"水中活宝石"和"观赏鱼之王"。日本人把锦鲤奉为"神鱼""国鱼"。中国鲤鱼跳龙门的故事，是中国人民不畏惧艰辛，奋发进取的象征。

锦鲤

商代蟠龙盘外围有鱼纹、夔龙纹及鸟纹围绕。现藏台北故宫博物院

 # 辩证探究锦鲤之演变与发展

　　观赏鲤最早发源于中国，这从许多历史文献上可以查出，但当代锦鲤起源于日本，日本人民历经 200 年左右的改良，把锦鲤传到世界各地。

 ## 中国历史文献对锦鲤的记载　　　　　　　　　>>>

　　锦鲤作为一种优雅大气的观赏鱼，已经风靡了全世界。关于锦鲤的身世许多人并不了解，也许很多人会认为锦鲤起源于日本，这种说法的确有一定的道理。因为日本人培育出来的锦鲤在色彩、斑纹、光泽、形体方面都非常的出色，其体形、色彩和花纹是锦鲤分类以及品种鉴定的重要依据。现在多数人饲养的锦鲤品种，如大正三色、昭和三色等都是由日本业者培育出来的。通过名称我们就能看出来，大正和昭和是日本明治维新后的两个年号，因此很多国家和地区也统称这些观赏鲤为"日本锦鲤"。但追根寻源，在大正和昭和时代前到底有没有锦鲤呢？人们饲养鲤鱼用于观赏又是从什么时候开始的呢？观赏鲤到底发源于什么地方呢？

　　从历史文献中可以看出，观赏鲤最早起源于中国，而且锦鲤的名称也是由中

国诗人最先命名的。中国是最早饲养鲤鱼的国家。据《诗经》记载，周文王凿池养鲤。春秋战国时期，撰写中国第一部《养鱼经》的越国大夫范蠡竭力主张发展池塘养鲤。南宋名将岳飞之孙岳珂所著《桯史》一书中记载："今中都有蓉鱼者，能变鱼以金色，鲫为上，鲤次之。贵游多凿石为池，置之檐牖间，以供玩。"这里所说的金色鲤鱼大概就是现在观赏鲤的祖先。可见，观赏鲤在中国的养殖史至少可以追溯到南宋，也就是说中国开展养殖锦鲤距今已有700多年的历史。

我们再查查锦鲤的名字是谁起的。唐朝陆龟蒙所作《奉酬袭美苦雨四声重寄三十二句》中有："层云愁天低，久雨倚槛冷。丝禽藏荷香，锦鲤绕岛影。"黄滔《成名后呈同年》："业诗攻赋荐乡书，二纪如鸿历九衢。待得至公搜草泽，如从平陆到蓬壶。虽惭锦鲤成穿额，忝获骊龙不寐珠。"两首诗都出现了锦鲤的说法，这也是现今世界上最早的锦鲤名称的使用记录。之后例证诗句就层出不穷，比如：宋朝薛利和在《西湖亭》一诗中写道："雪鸥卧听禅僧磬，锦鲤行惊钓客船。若比钱塘江上景，欠他十里好风烟。"苏轼《水龙吟》中描述："但丝莼玉藕，珠粳锦鲤，相留恋，又经岁。"元朝滕斌《普天乐》中吟咏："款棹兰舟闲游戏，任无情日月东西。钓头锦鲤，杯中美酝，归去来兮。"李文蔚《破苻坚蒋神灵应》杂剧中唱出："是独飞天鹅势，大海求鱼势，蛟龙竞宝势，蝴蝶绕园势，锦鲤化龙势，双鹤朝圣势，黄河九曲势，华岳三峰势……"因此，锦鲤到底家在何方，需要辩证地追踪溯源。

鲤鱼位列佛教八宝图案之一

据载，现代日本锦鲤首次传入中国是在 1938 年（日本昭和 13 年），由日本东京的松冈氏将一批贵重锦鲤送给当时的伪满洲国皇帝。1972 年中国与日本正式建立外交关系。日本首相田中角荣为了纪念两国友好建交，曾将一批锦鲤作为吉祥物赠送给周恩来总理。1983 年，香港的苏锷先生将国际市场正开始发展的日本锦鲤引入了中国，并在广州兴修了大型养殖场，拉开了中国当代锦鲤养殖产业的序幕。

1997 年，为庆贺中日两国恢复邦交 25 周年，日本著名的对华友好人士平泽要作先生向中国赠送了 108 条日本锦鲤，这批锦鲤被饲养在四川省水产科学研究所。

以鲤鱼装饰的盘子

随后，通过国内科研工作者的选育，得到迅速普及，在我国百姓中的认知度逐年提高，中国锦鲤的养殖从此如雨后春笋般兴盛起来。目前，我国的锦鲤养殖产业已初具规模。

日本家养与培育对锦鲤的贡献 >>>

观赏鲤鱼名称经过了金鲤、锦鲤、色鲤、花鲤、模样鲤等五个阶段，前两个阶段出现在中国，后三个阶段出现在日本。中国拥有最早的观赏鲤鱼和对锦鲤的最早定名权。然而，现代锦鲤的确起源于近代之后的日本，而正式使用"锦鲤"这一名称，则是在第二次世界大战之后。

鲤的原始种在日本诸岛并没有自然分布，现在世界公认的鲤的两个亚种，一种是产于欧亚大陆西部的鲤（*Cyprinus carpio carpio*），一种是产于中国的红翅鲤（*Cyprinus carpio haematopterus*）。在没有人为引种之前，鲤鱼只分

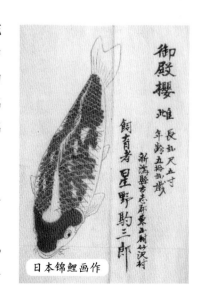
日本锦鲤画作

布于欧亚大陆。据最新的DNA研究，中国的鲤鱼化石可以追溯到20万年以前，而现代锦鲤（除与德国鲤杂交的品种外）全部由亚洲的中国红翅鲤演化而来。也就是说，日本锦鲤的三个祖先：铁真鲤、泥真鲤和浅黄真鲤同出于红翅鲤的后代。中国的黄河鲤鱼很可能就是这些品种的直系祖先。

据美国《水族箱》（*Aquarium*）杂志对公元200年时日本天皇拥有鲤鱼的调查指出，锦鲤的祖先是由当时中国（三国时期）移民带入的。对以鱼米为主食的日本民族来说，鱼是一种极好的蛋白质来源。在公元200年左右日本的弥生时代之前，日本人需要冬季冒险出海捕鱼。此时，中国移民带入了适温性强、容易饲养、能大量繁殖、生长速度快的鲤鱼，一些稻农在稻田里尝试养殖鲤鱼，并在稻农中广泛推广饲养。当被饲养的鲤鱼生长到30厘米左右时，稻农将它们捕捞上来用盐腌制，在持续几个月漫长的冬天里，腌鲤鱼是当地最好的美味之一。

经过了人工饲养后，不知不觉间，部分鲤鱼发生了变异，鱼体出现绯色或浅黄色，这就是现代锦鲤的最早的突变个体。由于当时生物知识还没有得到普及，人们对与自然个体不同的生物都感到十分神秘，所以它最早被称为"神鱼"，后来又有"变种鲤""色鲤""花鲤鱼""模样鲤"等名称。

鲤鱼旗

早期的锦鲤只是腹部有橘红色斑纹，这些斑纹逐渐发展到了鲤鱼的背部和尾部，一直发展到了头部，出现了樱鲤（身上有如樱花瓣一样的红色纹路）和钵绯（头部红色的个体），锦鲤的身体也越来越白，

这类鱼被称为"更纱"，是当时锦鲤养殖的主流品种。从 1870 年开始，人们把身上有花纹的鲤鱼称为"模样鲤"或"柄物"（Garamono），对没有花纹的鲤鱼称为"无地物"（Muji-mono）或"素色"。到了 1889 年，兰木五助培育出了"五助更纱"，也就是现在红白锦鲤的原种，红白锦鲤的出现标志着日本锦鲤真正诞生了。

"锦鲤"这个名字在 1867 年后就开始有人使用，到了 1914 年的日本大正博览会上，锦鲤已经出现了黄写、白写、大正三色、阿部鲤、三色、红白等 6 个品种，从那时开始锦鲤一词与花鲤、模样鲤、越后变种鲤等一起穿插使用。到了第二次世界大战结束（1946 年后），日本人认为"锦"字能代表美丽还能代表日本人刚毅的精神，从此不再使用花鲤、变种鲤等名称，现代锦鲤的名称才被统一，锦鲤也成为日本的国鱼。

日本人把锦鲤看成是艺术品，将其称为"水中活宝石"。1938 年在美国旧金山万国博览会上，日本特地选送了 100 尾锦鲤参展，第一次向世界公开展示了日本锦鲤的美姿。1962 年，为把锦鲤推向世界，日本成立了"爱鳞会"，并于 1968 年 12 月在东京举办了第一届全日本锦鲤品评会，以后每年举行一次，由日本政府总理大臣亲自颁奖。时至今天，日本锦鲤的品种已达 100 多个。

 ## 爱好者助推锦鲤成为世界性的宠物 　　　　>>>

现在锦鲤家养已经遍及全世界，美国、英国、加拿大、澳大利亚、马来西亚等国家都成立了锦鲤协会或俱乐部，从事锦鲤比赛的筹办、业者和爱好者的交流、组织拍卖等。锦鲤不但美丽，而且比其他观赏鱼更容易与人亲近，加上身躯硕大，在欧美成为继犬、猫、鹦鹉之后又一种家庭宠物。人们利用休闲时间精心照料着自己的爱鱼，并为它们报名参加各种形式的比赛和展览活动。

目前，锦鲤已经完全成为世界性宠物鱼，可以说，在地球的大多数角落都有了锦鲤的美丽身姿。建立锦鲤协会是助推锦鲤养殖风潮的重要手段。英国是除日本之外第一个建立锦鲤协会的国家。美国有众多的锦鲤协会，如美国锦鲤同业会、美国亚特兰大锦鲤俱乐部、阿马里洛锦鲤协会、休斯顿水池俱乐部等，而且仍不断有新俱乐部成立，足见饲养锦鲤在美国的风靡程度。加拿大、澳大利亚、德国、巴西、意大利、西班牙等国家都在1980—2000年间建立了众多各种形式的锦鲤产业组织。除日本之外，亚洲的许多国家或地区近些年也成立了各式各样的锦鲤协会。

英国锦鲤协会（BKKS）标志   美国锦鲤同业会标志

锦鲤的分类

锦鲤的主要色系 〉〉〉

在生物分类学上，锦鲤属于辅鳍鱼亚纲、鲤形目、鲤科、鲤属、鲤，与鲤鱼为同一物种，是鲤鱼经过数百年的变异和人工培育而成的花纹迥异、色彩斑斓的个体。锦鲤的分类主要依据其体色、斑纹及鳞片的分布情况而定。锦鲤的持久魅力是因为世上没有两个完全一样的个体，对一条或一群鱼的体色和图案的印象，全凭养殖者的情绪。

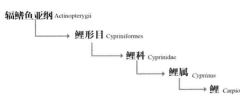

辅鳍鱼亚纲 Actinopterygii
  → **鲤形目** Cypriniformes
    → **鲤科** Cyprinidae
      → **鲤属** Cyprinus
        → **鲤** Carpio

鲤鱼模式种

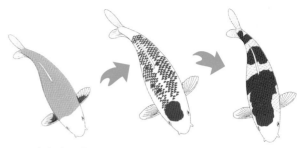

● 红白系列

简单地说，红白锦鲤就是白色锦鲤有红色花纹。红白是锦鲤中最具代表性的品种之一，与大正

浅黄在演变中出现了樱鲤，樱鲤发展成了现代的红白

三色和昭和三色一起被称为"御三家"或"御三色"。这个色系讲究的是红白相映，清晰明快，其白色要雪白，红色要油润鲜红，具光泽。红斑在鱼体背部的分布要匀称，有美感。斑纹的边际要整洁，红斑和白色之间的分界线要清晰分明，没有过渡色，俗称"切边"整齐；头部红色斑纹的分布要求不过嘴吻，两边不能超过眼部以下；头骨之后的部分称为肩部，肩部有白色分割的，称为"肩裂"；在尾柄处有一红色斑块的称为"尾结"；红斑下卷超过侧线而延伸到腹部者，称为"卷腹"，这种红斑更具力的美感，同时在水族箱中更具观赏价值。

根据红斑分段的数目不同，可分为"两段红白""三段红白"和"四段红白"；从头到尾有连续闪电状花纹的称为"闪电红白"，大块斑纹的称为"大模样红白"，小斑纹的称为"小模样红白"，红斑分散并呈梅花鹿色斑的称为"鹿子红白"，身上具金属光泽的称为"白金红白"或"富士红白"。

红白锦鲤

红白锦鲤

丹顶红白锦鲤

　　全身白色，只有头部有鲜红斑块的，称为红白丹顶。斑块前不到吻部，两侧不到眼眶，后不出头盖骨，身体上没有与头顶斑块相同的色块，且斑块呈圆形和前圆后方形，这样的锦鲤为上品。

　　红白锦鲤与德国镜鲤杂交，培育出身上无鳞或少鳞的红白称为"德国红白"。

● 大正系列

　　大正三色是锦鲤的代表品种，为所谓"御三家"之一。体色有红、黑、白三种颜色，是在日本大正年间培育出的品种，故称"大正三色"。其体色特征是在红白锦鲤的体色基础上，鱼体上有少量小块的墨斑，胸鳍有放射条状黑纹；大正三色鱼

红白与赤别甲杂交培育出大正三色

体上的墨斑要集聚，不要过分分散，黑色色质要墨黑，以黑斑不进入头部为标准，身上的墨斑在白色部位上出现的为最上乘。身上的色斑要求色质浓厚，油润鲜艳，"切边"整齐，分布匀称。

　　大正三色与德国镜鲤杂交，培育出身上无鳞或少鳞的大正三色称为"德国三色"。

　　别甲是锦鲤的一个品种。该品种分别以白色或红色为底色，之所以称为"别甲"，是因为鱼体背部分布有小块墨斑，有如一块块甲片。别甲的基本体色只有两种颜色，体色的墨斑与大正三色的墨斑相似，黑斑不进入头部，以背部两侧小块黑斑分布比较匀称者为佳，胸鳍有放射条纹。白底色的称为"白别甲"，红底色的称为"赤别甲"。

　　别甲与德国镜鲤杂交，培育出身上无鳞或少鳞的别甲品种分别称为"德国白别甲""德国赤别甲"。头顶有鲜红的斑块，身上具大正三色的黑斑，称为"丹顶三色"。

大正三色锦鲤

丹顶三色锦鲤

白别甲锦鲤

● 昭和系列

　　昭和三色也是锦鲤的代表品种之一，同红白锦鲤、大正锦鲤统称为"御三家"。是在日本昭和年间培育出的红、黑、白三色品种，故称为昭和三色。其体色以大块墨色为底色，有分布匀称的红、白色斑，墨斑进入头部，这是昭和三色的品种特征，也是与大正三色的主要区别之处。传统的昭和三色以在头部的墨斑呈倒"人"字形分布者为正宗；胸鳍基部有半圆形墨斑，称为"圆墨"，有些在上额处还能看到黑色色块；现在的昭和三色其白色斑纹比传统昭和三色要多，墨斑比传统昭和三色的要少，体色较为简洁明快。

　　头部有鲜红斑块，红斑内有黑色斑纹，身上有大块具昭和三色特色的墨斑，胸

黄写和红白杂交培育出昭和三色

昭和三色锦鲤

白写锦鲤

丹顶昭和锦鲤

鳍基部有圆墨，称为丹顶昭和锦鲤。

昭和三色与德国镜鲤杂交，培育出身上无鳞或少鳞的昭和三色称为"德国昭和"。

写鲤也是锦鲤的一个品种。该品种分别在白色、红色、黄色的底色上有大块的墨斑，有如大块的墨色写画在上面，故称为"写鲤"。其基本体色只有两色，其色斑与传统昭和三色相似，黑斑进入头部，在头部的墨斑呈倒"人"字形分布；身体上有大块墨斑，胸鳍基部有半圆型墨斑，称为"圆墨"，有些在口内的上额处还看到黑色色块；根据其底色的不同，分别将其称为"白写""黄写""绯写"。

● 浅黄系列

浅黄系列的锦鲤包括浅黄、秋翠和菊水等品种。

浅黄：又称"鸣海浅黄"，是锦鲤的原始品种。背部呈浅蓝色，有清晰的鳞片网纹，侧线以下有整齐鲜明的橙黄色者为正宗上品；橙黄色进入背部的称为"花浅黄"。该品系如背部的鳞片网纹不清晰，就算其橙黄色再鲜艳，也是属于下品，而难登大雅之堂。

秋翠：是浅黄与德国镜鲤杂交培育出的品种，属于德国品系的浅黄。其

真鲤鱼在人工饲养下黑色素脱落，
形成了浅黄鲤

浅黄锦鲤

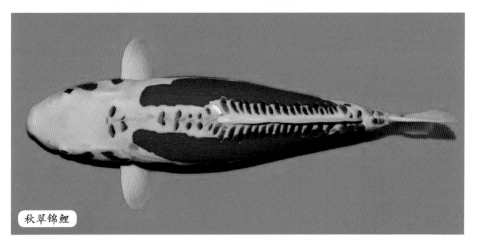

秋翠锦鲤

黄秋翠锦鲤

背部和两侧侧线上各有一条排列整齐的镜鳞，以背部翠蓝色、侧线下橙黄色者为正宗上品；橙黄色染上背部的称为"花秋翠"；除上述鳞片排列以外，鱼体其他位置上有鳞或有大小不一的鳞片者，称为"蛇皮鳞"，属被淘汰的下品，而不能作为商品鱼。

浅黄和秋翠这两个品种，在一至三龄鱼时非常漂亮，然而随着年龄的增大，其背部的浅蓝色鳞网纹和腹部的橙黄色会逐步退浅，甚至消失，并在鱼体上出现一些小黑点，从而降低了其观赏价值。因而要保持其鲜艳的颜色，饲料营养和保持良好的水质是关键因素。

菊水：是德国系列的山吹贴分或者橘黄贴分中，侧腹部有漂亮波形或者斑纹状花纹的锦鲤。菊水全身以白金色为基底，浮现出黄色的斑纹，并且头部及背部的银白色特别醒目。菊水之中背部鳞片的覆轮特别光亮的，称为"百年樱"，为菊水中的上品。

● **衣系列**

衣为锦鲤品种的一个大类。该大类包括了许多品种。其特征是在锦鲤的红斑下有若隐若现的蓝色，有如穿了一件秋蝉薄衣，故称之为"衣"。

在红白的红斑下有浅蓝色的称为"蓝衣"；在大正三色的红斑下有浅蓝色的称为"衣三色"；在昭和三色的红斑下有浅蓝色的称为"衣昭和"；有黑紫色斑纹呈葡萄状分布于体背的，称为"葡萄三色"；在丹顶的红斑下有浅蓝色的称为"衣丹顶"。

衣与德国镜鲤杂交，培育出身上无鳞或少鳞的衣的品种分别称为德国蓝衣、德国衣三色、德国衣昭和、德国葡萄三色。

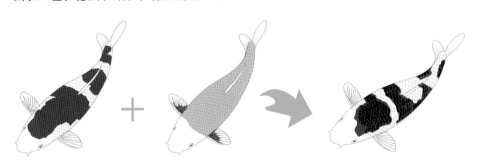

红白与浅黄杂交出现蓝衣

蓝衣锦鲤

五色锦鲤

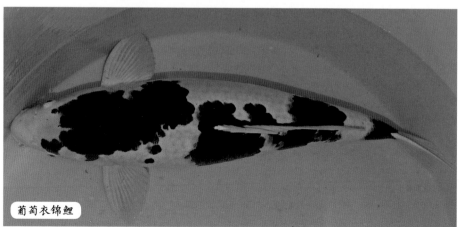

葡萄衣锦鲤

● **变种系列**

这个系列包含了许多品种的锦鲤,可以说还没有明确归类的锦鲤品种都列入到这一类中了,所以这是一个很杂的大类。

○ **乌鲤**:属于锦鲤的原始品种。身体全身乌黑,腹部为金黄色的称为"铁包金",腹部为银白色的称为"铁包银",全身都为黑色的则少见。乌鲤与德国镜鲤杂交,培育出身上无鳞或少鳞的品种称为德国乌鲤。

○ **松川化**:属于锦鲤的原始品种。身披正常鳞片,体色在白底上有不规则的蓝

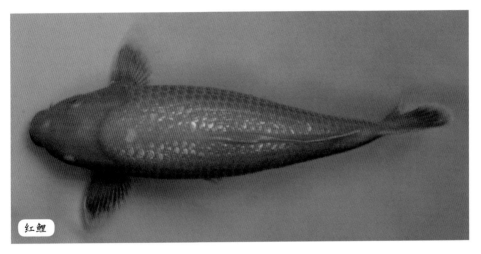
红鲤

茶鲤

黑色花纹。

○**九纹龙**：是松川化锦鲤与德国镜鲤杂交的品种，全身无鳞或少鳞，斑纹与松川化相似，但身上的斑纹会随着季节而变化。在水温高的夏天，斑纹变少，而且色淡；水温低的冬天，则斑纹变深增多，非常有趣。

九纹龙鲤

○**茶鲤**：属于锦鲤的最原始品种。体色茶绿色，背部鳞的花纹非常清楚，其最大特点是能养得很大，在日本有一米半长度的，在水池中游动起来非常壮观。茶鲤与德国镜鲤杂交，培育出身上无鳞或少鳞的品种称为德国茶鲤。

○**落叶**：锦鲤的原始品种。体色为蓝紫色，身上有茶褐色斑纹，斑纹分布匀称者为上品，该品种也能长得很大。

○**紫鲤**：是锦鲤的新品种。有两种：全身紫红色者，称为"紫鲤"；在紫红色的底色中，有深褐紫色斑纹的，称为"紫龙"。

紫鲤与德国镜鲤杂交，培育出身上无鳞或少鳞的品种称为德国紫鲤。

○**绿鲤**：是锦鲤的新品种。全身翠绿色，非常少见，多为德国品系的少鳞或无

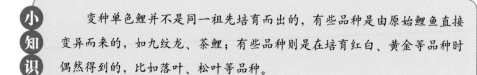

小知识　变种单色鲤并不是同一祖先培育而出的，有些品种是由原始鲤鱼直接变异而来的，如九纹龙、茶鲤；有些品种则是在培育红白、黄金等品种时偶然得到的，比如落叶、松叶等品种。

18

鳞的品种。

○**松叶**：该品种背部具有清晰的网状鳞纹，有金黄色和银白色两种体色。全身金黄色的称为"金松叶"，全身银白色的称为"银松叶"。

● 单色系列

这是一类全身具有闪亮的金属光泽的锦鲤品种。闪亮的金属光泽覆盖全身，乃至各鳍上都覆盖满，特别是头骨上被全部均匀覆盖者为上品。体色金黄色的称"黄金"、体色银白色的称"白金"、体色金红色的称"红金"。

与德国镜鲤杂交的品种称为德国黄金、德国白金、德国红金。

黄金锦鲤

白金锦鲤

● **其他品种**

○**花纹皮光鲤**：此类锦鲤的体表有相同且稍深颜色的花纹，并具有闪亮的金属光泽。花纹分布与红白锦鲤的要求相似。若具黄色体色的称为"张分黄金"，具橙黄色体色的则称为"菊水黄金"。

○**金银鳞**：锦鲤体表的鳞片上有多棱反光面，闪闪发光，就像嵌满钻石一般。凡有此特征的品种，均在其名称前冠以金银鳞字样，如金银鳞红白、金银鳞大正、金银鳞昭和等。

近年来，德国品系的锦鲤也培育出鳞片有反光的金银鳞品种。

张分黄金锦鲤

菊水黄金锦鲤

中华彩鲤

兴国红鲤

瓯江彩鲤

● **中国彩鲤**

○ **中华彩鲤**：主要产于广东梅州，体形和颜色与日本锦鲤相似，与日本锦鲤相比，具有长鳍、大尾的特点。

○ **兴国红鲤**：产于江西兴国县。体色全红，色彩靓丽，具有观赏价值。肉质鲜嫩、营养丰富，具有食用价值。抗逆性强、适应性广，有极强的抗病能力和耐低氧能力，杂交亲和力强，是重要的杂交亲本。与婺源县的荷包红鲤和万安县的玻璃红鲤一起并称"江西三红"。

○ **荷包红鲤**：产于江西婺源，身体短圆，性情温驯，游动缓慢，形似荷包，颜色鲜红，有一些个体带有黑色斑点。

○ **玻璃红鲤**：产于江西万安，体形与普通鲤鱼相似，颜色为红色，鳞片透明，鳃盖透明可见鳃丝，有的个体身体透明可见内脏。

○ **瓯江彩鲤**：产于浙江龙泉，体形与普通鲤鱼相似，有红、白、黄、黑、花斑等多种，是在田鲤的基础上培育而成。

○ **龙州镜鲤**：产于广西龙州，其体形和鳞片与散鳞镜鲤相似。颜色紫色，有的个体鳃盖和身体透明可见内脏和鳃丝。

○ **水仙芙蓉鲤**：产于广西玉林，是在团鲤的基础上培育而成。颜色有红、黄、白、双色、三彩、五花等色彩，其各鳍修长，尾鳍宽大而分叉，胡须长而分叉，故

荷包红鲤

水仙芙蓉鲤

长鳍鲤

锦鲤

又名龙须鱼。

　　○**长鳍鲤**：产于广西桂林，体形与普通鲤鱼相似，各鳍修长如飘带，四须长而游离，鼻膜宽大，有红、黑、灰、花斑等颜色。

　　○**官厅红鲤**：产于河北怀来，全身红色，和普通鲤鱼相比，具有体宽、背高的特征，眼睛也是红色的。

　　○**清江红鲤**：产于湖北长阳，体形与普通鲤鱼相似，体宽、背厚，有红、蓝、黑和花斑等颜色。

　　○**嘉应锦鲤**：产于广东梅州，是用杂交方法多年培育而成。其体形和日本锦鲤相似，颜色有红、白、黄、黑及花斑等色彩，有长鳍系、红白系、金黄、浅黄、黑色、白玉、散鳞、紫色等八大类，近百个品种，和日本锦鲤相比，有的品种具有长鳍、大尾的特点。

　　● **龙凤锦鲤**

　　龙凤锦鲤是由中国的长鳍鲤同日本锦鲤杂交、经多年改良而培养出来的。龙凤锦鲤保留了日本锦鲤的所有特性、色彩及品种，特别是保留了日本锦鲤鱼背的观赏

龙凤锦鲤

性，同时加强了在鱼缸内饲养的观赏性。龙凤锦鲤有着独特的外形——龙头凤尾：头较大形似龙头，四条鱼须长而威武，尾鳍长似凤凰尾，各鳍长而宽大，尾部宽且飘逸，极具观赏价值，很适合鱼缸养殖、庭园饲养以及在大宾馆、酒店摆设。其性格温顺，饲养要求简单，不需要特殊照顾。品种包括红白、大正、昭和等所有的日本锦鲤品种。

锦鲤的个体等级、规格等级的区分方法　　>>>

通常将不同规格长度的锦鲤分成幼鲤、若鲤、成鲤、壮鲤。通俗地说，幼鲤是指小锦鲤，规格在 15 ～ 25 厘米，通常是当岁鱼；若鲤是青年鲤，规格在 26 ～ 40 厘米，为 2 ～ 3 岁的鱼；成鲤是成年鲤，规格在 41 ～ 55 厘米；而壮鲤则是 56 ～ 70 厘米的壮年鲤。

锦鲤的"部别"："部"通俗的说就是厘米，每 5 厘米为 1 部，例如 1 ～ 5 厘米的鱼为 5 部，6 ～ 10 厘米的鱼为 10 部，以此类推！

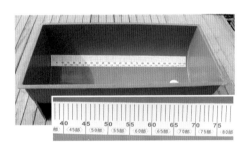

专业比赛时标量锦鲤体长的工具

锦鲤主要类别特征

类　别	特　　　　　征
红白锦鲤	体表底色雪白，上有红色斑纹。斑纹可分 2 ～ 4 段，或从头至尾呈带状
大正三色锦鲤	体表底色雪白，上有绯红、墨黑两色斑纹。以墨色不进入头部为标准
昭和三色锦鲤	鱼体以黑色为底，上现红、白花纹。墨斑一定要进入头部

养鱼篇

　　锦鲤深受广大观赏鱼爱好者的青睐，不仅因其体色鲜艳夺目、花纹变幻莫测，还因其寿命长，象征着"福寿吉祥"。最重要的是锦鲤饲养管理简单、易成活。目前锦鲤的家庭养殖主要方式有水族箱饲养和庭院饲养。

锦鲤可以从主人手中争夺食物

 # 锦鲤的家庭饲养

　　锦鲤之所以深受广大观赏鱼爱好者的青睐，一是因其体色鲜艳夺目、花纹变幻莫测；二是因其寿命长，象征着"福寿吉祥"；第三，也是最重要的是锦鲤饲养管理简单、易成活，所以容易普及。目前锦鲤的家庭养殖的主要方式有水族箱饲养和庭院饲养两种方式。

　　为了更好地养殖锦鲤，了解一些解剖学和生理学的基本知识是很有必要的。通过学习，知道锦鲤患病时体内会发生什么变化，有助于我们采取适当的治疗措施。

锦鲤的解剖和生理构造　　　　　　　　　》》》

● **鱼鳍与鱼鳃**

由于水的密度比空气大，在水中运动就需要更多的能量，锦鲤的身体呈优美的流线型从而减小阻力。另外，锦鲤在游动时可以保存能量。鱼体肌群牵动尾巴左右摆动，从而产生推进力使鱼向前运动。由于水流受到向后的作用力，由此产生瞬间的涡流，它们共同作用下推动鱼向前运动。鱼鳍类似于稳定器，胸鳍在低速下还有控制细微动作的功能。

对陆生动物来说，通过呼吸，吸进氧气不需要太多的能量，但在水中，锦鲤需要大量的能量才能完成这一功能。据估算，为了使水流过鳃部，鱼从水中获得约10%的氧被消耗。鱼鳃和水的密切关系，又产生了渗透和离子方面的问题。

● **皮肤和鱼鳞**

锦鲤的皮肤由两部分组成。最外层的为表皮，表皮是一层薄而细嫩的组织，覆盖在鱼鳞的外面，它具有分泌黏液的作用，因而在锦鲤和生活环境之间构成了一道屏障。表皮细胞一直在更新，老的表皮细胞不断死亡，新的表皮细胞不断产生，这样，还可以修复鱼体表面的一些损伤。

第二层为真皮，真皮中有血管、神经、结缔组织，还有一些感觉器官及能够产生彩色变化的色素细胞。鱼鳞形成于该层，当一片鱼鳞脱落后，真皮会产生新的鱼鳞来代替。除了德国锦鲤外，鱼鳞相互叠压，像屋顶的瓦片排列，在鱼体外形成了一个坚韧的保护层。鱼鳞在形态和形状上或多或少地存在相同点，其中有些则构成了侧线。

● **侧线**

所有的鱼类都具有一个被称为"侧线"的感觉器官，具有小孔或者微孔的一系

　　　锦鲤中凡是名称前面冠以"德国"二字的品种都是无鳞的，比如德国红白、德国三色等等。之所以这样冠名，是因为日本第一次得到的无鳞鲤种源自于德国。

锦鲤

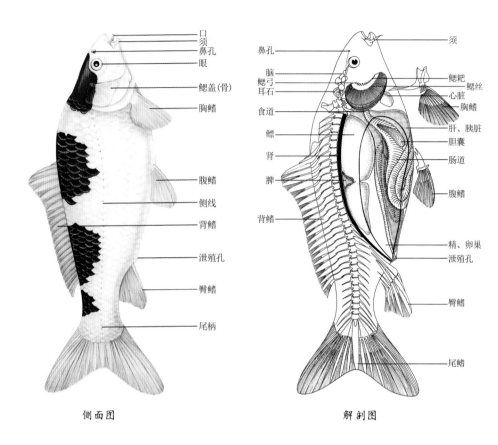

侧面图：口、须、鼻孔、眼、鳃盖(骨)、胸鳍、腹鳍、侧线、背鳍、泄殖孔、臀鳍、尾柄

解剖图：鼻孔、脑、鳃弓、耳石、食道、鳔、肾、脾、背鳍、须、鳃耙、鳃丝、心脏、胸鳍、肝、胰脏、胆囊、肠道、腹鳍、精、卵巢、泄殖孔、臀鳍、尾鳍

列的鱼鳞沿着鱼体的两侧排列，看起来像是一排小点。这些小孔开口于鳞片下面的一条小管，小管沿鱼体的两侧延伸。小管的内部有许多与神经纤维相连的毛细胞，它们将刺激传导至脊索，然后传至脑。侧线小管中液体的任何运动都会刺激毛细胞，从而使锦鲤感知到水中的振动，这种振动可能是来自于其他鱼类的反射，或者来自于障碍物，甚至是由人的脚步声造成的。

● 肌肉

脊椎动物的肌肉有三种基本形式。平滑肌多分布于动脉血管和大的静脉血管的管壁以及负责食物运动的肠壁上；心肌和横纹肌与运动有关，它通过肌腱附着在骨骼上。在鱼类身上，这种肌肉构成了一系列呈W形的肌肉块，称为大侧肌，环绕在鱼体上，产生运动时的推力。

● 骨骼

骨骼系统是一种复杂的结构，它具有两个主要的功能。第一是提供支持，为肌肉的附着构成刚性结构，肌肉的附着，或者是直接依靠肌腱，或者是通过软骨。其次，保护容易受到损伤的感觉器官和组织，例如脑和眼睛就是包在头骨里的。

● 消化系统

锦鲤上下颌没有牙齿，而有一对下咽骨，上面长有若干类似白齿的牙齿，称为下咽齿，在鳃弓的后面。下咽齿与基枕骨下的角质垫形成咀嚼面，磨碎食物。锦鲤没有胃，食道直接连到肠管上。

● 内部解剖

眼：锦鲤的视力很好。

鳃：是气体渗透的地方。鱼鳃的结构和功能是水中的氧通过鱼鳃进入血液，二氧化碳等废气被排出。鱼鳃还是排出含氮废气的重要器官，其中包括82%的氨、8%的尿素。剩余10%的含氮污物由肾脏以尿素的形式随稀薄的尿液排出。

鱼鳔：就是人们俗称的鱼泡，内含空气。它的最重要的功能，是通过充气和放气来调节鱼体比重，从而调节身体内外的水压平衡，控制身体沉浮。鱼鳔里充填的气体主要是氧、氨和二氧化碳，氧气的含量最多，在缺氧的环境中鱼鳔可以作为辅助呼吸器官，为鱼提供氧气。同时，鱼鳔内的空气，使它成为一个控制浮力的器官，可以在消耗最少能量的前提下，停留在任何水层。当锦鲤想浮到水面取食，鱼鳔内的气体增加，如要回到水底，排出气体即可。对锦鲤来说（许多其他种类的鱼也是如此），鱼鳔还可以放大声音，声波通过一系列的小骨传给内耳，从而产生听觉。

脾脏：储存有尚未成熟的红细胞，并产生免疫细胞。一对肾脏储存体内的盐分，产生大量的非常稀薄的尿液，排出多余的水分，维持体内正常的渗透平衡。

肠：在消化酶的作用下，食物在肠内被消化，并被血液吸收，固体污物被排出。

肝脏：锦鲤的肝脏很大，在肠中消化的所有食物的营养成分都要在肝脏中储存或者分配给其他组织。肝脏将蛋白质分解为氨，处理衰老的红细胞，分解有毒物质。

心脏：位于一对鳃的后下方，由一个心房和一个心室组成。血液由心室出，经腹大动脉、鳃动脉，深入鳃片的毛细血管，红血球吸收氧气，排出二氧化碳，使血液变得新鲜。再经鳃动脉、背大动脉，进入鱼体各部组织器官。然后再汇集到腹部的大静脉。静脉血经肾脏时被滤去废物，通过肝脏重新进入心脏循环。

触须：两对。

尿殖孔：锦鲤的尿殖孔区域，与肠相连的肛门开口于此。肾脏产生的尿液、生殖腺产生的生殖细胞均由此排入水中。

生殖腺：锦鲤的生殖腺在身体的两侧。卵巢产生鱼卵，鱼卵比较大；睾丸产生精液。

> **小知识**
>
> **水与盐的调节**
>
> 　对鱼类来讲，水和盐的调节，或者叫渗透调节是一个非常重要的生理过程。鱼类生存在淡水或海水中，外部环境与体内组织液和血液通常不是等渗的。鱼类能够在盐浓度0.3%以下的淡水或盐浓度高达3%以上的海水环境中生活，依靠的就是肾脏以及鳃部一些特殊细胞进行的补偿和调节。当鱼类体液和血液的浓度高于水环境时，肾脏能不断地排出尿液（体内过多的水分），与此同时，鳃部的吸盐细胞又向血液中补充盐分，以保持鱼体的水盐平衡。

养殖锦鲤品种的选择

　锦鲤有三个突出的优点：一是背高体阔，身形俊秀，柔中带刚；二是性格雄健沉稳，具有临危不乱、泰然自若的君子风度；三是生命力顽强。锦鲤的寿命之长是其他观赏鱼无法比拟的，其中最长寿者有超过百年的记录。因为寿命长，又有"祝鱼"的吉称。锦鲤的品种繁多，各种色彩交替，与许多中国风俗的吉祥含义相吻合。为此，人们在挑选锦鲤时，会考虑到一些品种的寓意。

● 丹顶红白

丹顶锦鲤通身雪白，额顶朱斑，有"官鲤"之称。寓意着事业兴旺，官运亨通，因而又有"鸿运当头"的美称。挑选丹顶红白要选额上的红色斑块规整，身上雪白无瑕为佳。

● 黄金

黄金锦鲤在金黄色之中带有金属光泽。黄色属土，土中带金，寓意着财运亨通。但是由于鱼本身在水中，土的属性被水克制。所以如果挑选黄金锦鲤追求的是它的财运寓意，那么建议在数量上一定要多，而且要绝对高于其他品种的锦鲤，这样，其作用才会被发挥。

● 白金

白金锦鲤通体为银白色，也带有金属光泽。白色是金属性，有锐意进取之意，对财运和事业都很有帮助。与黄金锦鲤不同，黄金锦鲤代表积累和生机，白金锦鲤

饲养在水族箱中的锦鲤

代表进取和坚持，寓意各不相同。与黄金锦鲤相反，白金锦鲤不宜饲养过多。

● 白写

白写在黑底上分布着白色斑纹。黑白色的组合，望之古意盎然，犹如中国水墨画。传说白写对正在修学或者从事文职的人很有助力。要选择墨色分布均匀清晰的鱼。墨色不宜过多或过少，适中相宜最好。

● 鹿子红白

鹿子红白的红斑不集中，散布在锦鲤全身，显出缤纷华美。鹿子红白在日本原名御殿樱，樱花是日本国花，象征爱情与希望。鹿子红白在水中起伏嬉戏的场景就有如樱花盛开。如果养鱼人只为提升爱情的运势，建议不要与其他品种混养。在池中纯养几条美丽的鹿子红白，就已恰到好处。

● 秋翠

秋翠最显眼的就是背部那一排整齐的浓蓝色鳞片。仿佛背上披挂着威武的护甲。腹部的红色又似火焰般跳跃。秋翠代表成功，养秋翠是希望帮助主人获得最大的成功。为了避免成功之后的盛极而衰，建议秋翠不宜纯养，最好与其他品种搭配。

● 绯浅黄

绯浅黄的背部呈蓝色，鱼鳞边缘的白色清晰地分割出鳞片的轮廓，仿佛传说中的龙鳞一般。腹部为红色。绯浅黄表示胸襟广阔，包容众人，有助于主人的人际关系。如果胸鳍为红色更佳。一般单独饲养绯浅黄的话，要选择腹部有红的绯浅黄，不要选择腹部为白色的绯浅黄。同时，这种锦鲤可与其他品种搭配混养。

● 葡萄三色

葡萄色的鳞片聚集起来而形成具有葡萄状斑纹的锦鲤叫做三色。葡萄在中国文化里意味着多子多福的意思。因此，养殖葡萄三色锦鲤主要是有助于主人祈求子嗣。挑选葡萄三色要选择颜色饱满、斑块明显的，不要选择颜色散淡，色彩边界模糊的鱼。

● 红白

红白锦鲤是锦鲤中的常见品种，红白所代表的含义也是非常吉祥的。红色在背

别墅中的鱼池是家中的美丽焦点

锦鲤

安装有自动循环系统的鱼池

部，犹如跳动的火焰，红红火火。如果鲤鱼纯为红色反不如红白含义深刻。红白锦鲤单养群养都很合适，需要注意的是红色和白色，颜色一定要纯正。不要变成橘色或黄色。

● 大正三色

白底有红色和黑色斑纹的锦鲤是大正三色。在挑选大正三色锦鲤作为家庭饲养时要注意挑选黑多红少的而且黑色居中的鱼儿。

● 昭和三色

昭和三色锦鲤表面看上去与大正三色相像，但从寓意上来说两者完全不同，其不同点在于其底色。昭和三色是黑色质地。这种红多白少的昭和三色锦鲤，传说有助主人安稳且丰足，适合如警察、军人等武职人员饲养。

锦鲤的水族箱养殖

养殖水族箱的选择　　　　　　　　　　　　　〉〉〉

　　目前市场上的水族箱规格、形式琳琅满目，工艺精美，可供选择的样式令人眼花缭乱，如何选购水族箱就成为养殖前首先要解决的问题。从材质方面而言，目前国内制造的水族箱通常分为玻璃材料和亚克力材料两大类，它们的差异是玻璃材质的质量重、抗击性差，但价格便宜；亚克力材质的质量相对较轻、透光性能好，抗击性好，但价格昂贵。从规格方面说，养殖锦鲤的水族箱要相对大一些，可在市场上选择所需要的规格，也可以根据需要订制。

水族器材的配置　　　　　　　　　　　　　　〉〉〉

　　完整的水族箱需要具备水生动植物等维生系统，主要包括过滤系统、照明系统、温控系统、增氧系统、消毒系统等，其中最重要、结构最复杂的便是过滤系

拥有强大过滤系统的水族箱

饲养锦鲤的水族箱

统，这也是水族箱成本最高且必不可少的核心部分。养殖用水中有害的物质包括鱼的新陈代谢废物、残饵等都要靠过滤系统滤除。水族箱只有完备的过滤系统，才能维持良好的水质环境。

水族箱中的过滤方法主要有三种：生物过滤法、机械过滤法和化学过滤法。生物过滤法主要指在生物循环过滤系统中培养不依附氧气生存的厌氧性细菌和依赖氧气生存的好氧性细菌，以发挥氧化分解和还原分解的作用，使饲养水质达到养殖标准；机械过滤法主要指利用潜水泵、管道泵、过滤泵等作为推动力把水族箱内悬浮的微小物质与循环水分离。

根据水族箱过滤系统在水族箱中的位置，通常分为外置过滤系统和内置过滤系统，前者多用于中大型水族箱，不过以水草为主的小型水族箱也可使用；后者一般用于小型水族箱，根据水族箱的需要可以放置在水族箱的任何位置。外置过滤系统根据安装在水族箱位置的不同，又可分为缸上过滤槽和缸下过滤槽、侧面过滤槽等。

水族箱的过滤系统自然离不开过滤材料，目前常用的过滤材料有过滤棉、活性炭、沙石、生物过滤球等。过滤棉通常为一种人工合成的材料，如海绵、膨松棉等，性质稳定，具有过滤残饵、粪便等大颗粒物质的作用。活性炭是一种具有酸碱中和功能的过滤材料，它最大的优点是可以使养殖用水的酸碱度趋于中性，防止鱼酸中毒或碱中毒，同时，活性炭还可以有效去除水族箱中的气泡和小分子化合物，与过滤棉相似，可去除许多过滤棉无法去除的污染物。鉴于其众多的优点，活性炭成为水族养殖中最常用、最重要的过滤材料。沙石也是一种有效的过滤材料，性质也比较稳定，主要包括大颗粒的溪沙和石英沙等。

生物过滤球是一种由高级塑料制成的滤材，球形，直径通常为 2 ～ 3 厘米，球内具有很多孔，表面积通常为 200 平方米，具有存贮氧气和培养大量硝化细菌的作用，这种滤材多用于滴流式过滤器中。

锦鲤由于体形较大、耗氧量大，生活在水族箱有限的空间中，必须要配置较好的增氧系统改善生存环境。

锦鲤的选择要点和放养 　　　　　　　　　　>>>

放养在水族箱中的鱼儿应该要健康活泼。如何判断呢？有三方面：一是从鱼体表面看，鱼体干净，无厚厚的黏液附着，鱼鳍、鱼鳞等完好无缺，眼睛明亮；二是从泳姿看，游动活泼自如，鱼体协调，遇到外界刺激能快速躲藏或逃避，应激性较高；三是从觅饵看，抢食快、灵活，食欲强。

龙凤锦鲤很适合饲养在水族箱里

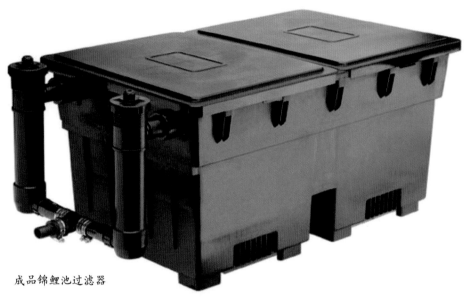

成品锦鲤池过滤器

将鱼买回家后，准备放入水族箱中，切不可直接拆包将鱼放入水族箱中，否则鱼儿会因环境急剧改变而极度不适，甚至死亡。正确的做法是，应先将装鱼的塑料袋外表洗干净，并整体浸入水族箱中泡 15 ～ 20 分钟，待塑料袋内外水温基本一致后，再打开塑料袋让鱼缓慢游出。

 日常管理 　　　　　　　　　　　　　　　　　　　>>>

● **饵料及投饵方法**

锦鲤是一种杂食性鱼类。水蚯蚓、红虫、水蚤、米饭等都可投喂，但以投喂添加有天然增艳物质的人工配合饵料为佳。

锦鲤入缸后，24 ～ 72 小时内不要投喂，因为鱼刚到新的环境，需要一段时间的适应，所以一般不进食。放养后，熟悉了周围的环境，即可进食。

● **换水与清污**

养殖过程中，换水是调节水族箱水质的有效方法之一，可以防止水质变坏、威胁鱼的健康。因此，必须根据水族箱的具体情况定期换水，通常情况下，每 7 ～ 10 天换水一次，换水量为总量的 1/4 至 1/3，温差不超过 1.5℃，新水注入前应充分曝气和过滤。

　　很多养殖观赏鱼的爱好者认为水族箱有过滤系统就不必清污了，这是错误的观点。不但要定期清洗过滤系统，而且还要清洗水族箱底部及装饰物沉积的有害物质，这些是过滤系统无法清除的。所以，养殖过程中应定期对水族箱进行清污，最好与换水同时进行。水族箱内清污通常用缸刷将箱体上的藻类和污物去除，底部通常采用虹吸法。

● 光照

　　光照是锦鲤保持体色鲜艳、健康生长的重要环境因素，它可以使锦鲤变得更加亮丽，光照越多，色泽越光亮，特别是太阳光；其次光照对水质转化、水质调节很重要。因此，水族箱应适当接受日光照射，每天最好达到3～4小时，如果选择照明灯管的话，应选择日光灯照射。

● 其他管理措施

○水族箱过滤系统的维护：对于以海绵、活性炭等为主要滤材的过滤系统，需要不定期地进行清洗或更换，通常情况下，每1～2个月清洗一次。

○水族箱养殖的夏季管理：夏季气温较高，特别是南方，会造成水族箱内水温也升高。夏季时应适当增加换水和吸污的次数。当水族箱的水温超过30℃时，鱼儿会出现"中暑"现象；水温高，也会加快水质恶化的速度。

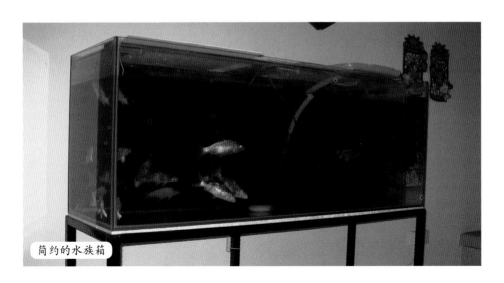

简约的水族箱

水族箱中表现出色的锦鲤

水族箱布景　　　　　　　　　　　　　　　》》》

随着人们欣赏水平的不断提高，对陪衬景物的要求越来越高，通过水族箱的环境布景，可充分体现自我个性和生活品位，可如何才能布置出高品位的水族箱呢？

● 水族箱的搭配素材

目前市场上常见的有底沙、水草、岩石，还有一些小桥、宝塔、小龟、枯木、阁楼、贝壳、背景图等小饰品。用底沙布景时，要考虑不要对水族箱中饲养的鱼和水草有毒害作用，还要考虑到沙粒的大小，粒径太小不利于水草发育，粒径太大，易沉积鱼的残饵和粪便，不易清洗而使养殖用水变坏。

水草是许多水族养殖者增加水族箱美观的选择，水草种类繁多，且生活习性大相径庭，在水族箱中养殖水草，要考虑两点：第一，水草的生长不要对鱼儿造成威胁，比如释放激素、缠绕鱼儿等；第二，同一个水族箱中应该选择生长条件相似的水草品种。在常见的水草中，水榕、苹果草等较适宜做前景；皇冠草、宝塔草比较适宜做后景。选择天然和人工雕琢的岩石作为布景材料，其边缘要光滑，且必须要考虑其对水质的影响。特别需要注意的是无论选择哪种布景材料，在放入水族箱之前，均要消毒、漂洗，防止病毒和其他有害物质渗入到水族箱中。

水族箱的布景主要有五种类型：以鱼为主、以石为主、以草为主、以装饰物为主和综合布景。

● 水族箱的布景工序

第一步：铺底沙。水族箱清刷干净后，将清洗干净的沙子铺在水族箱底部，大约4～5厘米，可适当埋些基肥。

第二步：摆放岩石及装饰物。通常按照由高及低、由大及小、由内及外的顺序摆放，可以选择一块形状好的岩石作为主石。主石放在水族箱一侧，紧靠主石的位置可以摆放几块小的岩石作为陪衬，同时再搭配些小的装饰物，如小桥、小龟、贝壳、阁楼等。

第三步：栽种水草。栽种水草时可直接用小铲或手挖坑插入，而后埋上沙子，也可以栽种在小盆中，再将花盆放入水族箱。

庭院中的水池

 # 锦鲤的庭院养殖

 ## 庭院养殖池的设计与建造 >>>

  庭院养殖锦鲤一般采用正方形、长方形或圆形的水泥池。养殖池可选择在庭院的空地或房顶建设，要求池底向着排水口一方倾斜。通常将中心排水口设在养殖池的底部中心，池底部中间低，四周高，便于排水、排污。如果选择庭院空地建设养殖池，通常选择通风向阳、水源充足、给排水方便且离房屋较近的地方建池，利于观赏和日常管理，池边不宜有大型的落叶乔木，以免污染水质。

  庭院养殖池的规格一般在 15 ～ 40 平方米，水深 1.2 ～ 2.5 米，水体不宜过浅，因为水温易受天气等环境因素的影响，对锦鲤的健康不利。

  为了保持良好的水质，养殖池一定要建有配套的过滤循环装置，其主要作用就是可以去除水中悬浮物，降低氨氮、亚硝酸盐的含量，分解有害的有机物。

饲养品种的合理搭配　　　>>>

　　庭院饲养锦鲤，观赏者可以通过任何一个角度欣赏锦鲤的风采。根据视觉效果来说，通常以红白锦鲤、大正三色锦鲤、昭和三色锦鲤的一个品种或多个品种为主，可适当搭配些色彩鲜艳的其他品种，如黄金、白金、浅黄、白写、秋翠等锦鲤。

日常饲养管理　　　>>>

● 饲料投喂

庭院饲养的锦鲤，最好投喂添加有天然增艳物质的人工配合饲料。

● 水面油膜的处理

养殖池水面上有时会浮现一层油膜或者泡沫，对锦鲤的生长不利，通常采用市售的油膜去除剂或全部换水、刷洗清除。

强大的生物过滤系统

鱼池专用水泵

锦鲤

不同季节的管理 〉〉〉

季节变化时庭院养殖气候条件随之变化，特别是在四季分明的北方地区，锦鲤的饲养管理也要有所不同。

春季。气温不稳，在大幅度降温时，鱼池上应加盖塑料膜，保证水温稳定。投喂时应将动物性饲料和植物性饲料搭配投喂，不可投喂单一的较难消化的高蛋白或高脂肪的饲料。春天是细菌滋生的季节，还应注意养殖池的消毒。

夏季。气温较高，水温也较高，鱼池上应加盖遮阳网，防止水温升高；同时夏季也是水生浮游动植物大量繁殖生长的季节，最好在养殖池中安装紫外杀菌灯，保持良好的水质。

秋季。秋高气爽，这个季节是锦鲤生长的最佳季节，此时应多投喂饲料，以便锦鲤贮存体力，安全越冬。

冬季。寒冷，气温下降，水温也会下降，有时会接近冰点，只要保证足够水

户外过滤箱

常规户外鱼池

深，锦鲤可以在室外安全越冬，此时锦鲤不需要投喂，最好在养殖池上面凿开一个小的"冰眼"，增加水中的溶解氧。有条件的最好将鱼移至室内越冬。

锦鲤池设计与华人风俗 〉〉〉

　　首先，锦鲤池的形状设计要尽量采用圆润柔和的线条，如果实在是喜欢直线的池塘边缘或者条件限制只能使用直线类型的边，那么就要尽量避免出现锐角直角，也要避免边缘的直线正对着门窗、道路。而且线条柔和的池边在欣赏时容易产生层次感，不会有生硬的感觉。如果池塘的边缘是直边，最好种植一些植物，遮蔽阻断掉明显的线条，这无论在风水还是审美上都是应该做的。

　　锦鲤池如果修建在住宅附近，面积不宜过大，不要超过住宅面积的2/3。

　　庭院式的锦鲤池，主人在修建之前一定要想好自己是否有能力维护好这个池塘。锦鲤池一旦修建完毕了就要注水，不要让池塘长期干涸。修建了锦鲤池后，不能疏于打理，使活水变成死水，就失去其原本的意义，而且对居住在这种蚊虫滋生、腐水腥臭的池塘附近对人无论是健康还是心情都没有好处。

在修建锦鲤池之前一定要规划清楚。许多人在修建锦鲤池时并没有过多注意方位的选择，或者由于施工面积、施工条件、供水排水等情况，无法选择所建池塘的位置，建成之后才发现种种不便。在园林中修建锦鲤池时要考虑很多综合因素，如进水排水、过滤养护等。

软材质户外鱼池

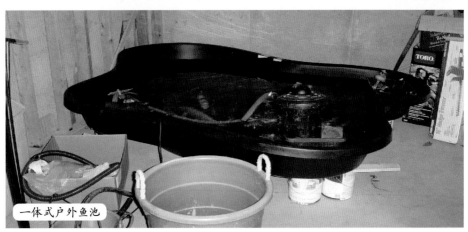

一体式户外鱼池

锦鲤的饲料与营养

锦鲤的饲料可分为天然饵料和人工配合饲料两种。天然饵料营养全面，易于消化，尤其利于性腺的发育。常见的天然饵料有轮虫、水蚤、水蚯蚓、草履虫、摇蚊幼虫、蚯蚓等动物性饵料以及鲜嫩蔬菜、芜萍等植物性饵料，可人工培养或野外采集获得。人工配合饲料是根据锦鲤各发育阶段的营养需要，将蛋白质、脂肪、碳水化合物、维生素、矿物质、增色物质等营养成分按一定比例混合制成。高质量的人工配合饲料可以完全替代天然饵料。

 天然饵料　　　　　　　　　　　　　　　>>>

● 轮虫

轮虫是轮形动物门的一群小型多细胞动物，身体为长形，分头部、躯干及尾部，因其头部有一个由1～2圈纤毛组成的、能转动的轮盘，形如车轮，故称轮虫。我国常见轮虫有20多种，颜色多为灰色，俗称"大灰水"。目前作为锦鲤开口饵料的主要是产自海水的褶皱臂尾轮虫。这种轮虫个体小，游动速度较慢，在淡水中能存活2小时左右，因此是锦鲤稚鱼理想的开口饵料。淡水产的萼花臂尾轮虫因其地理分布范围广，池塘、湖泊、江河中均有分布，对环境的适应能力强，易于大量培养，运动缓慢，存活时间长且在水中能保持悬浮等优点，正逐渐成为锦鲤重要的天然饵料之一。

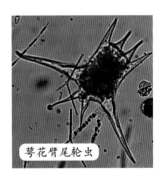

萼花臂尾轮虫

● 草履虫

草履虫是一种身体很小、圆筒形的原生动物。它

囊形单趾轮虫

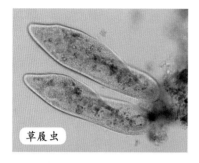

草履虫

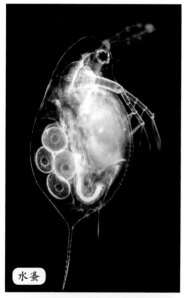

水蚤

水蚯蚓

只由一个细胞构成,是单细胞动物,体长只有180~280微米。因为它的身体形状从平面角度看像一只倒放的草鞋底而叫做草履虫。草履虫分布很广,喜欢生活在有机物丰富的池塘、水沟、洼地,通称"小灰水"。草履虫是孵出不久的锦鲤稚鱼就能开始摄食的一种极重要的天然饵料。

● 水蚤

水蚤是指水生枝角类和桡足类两大类浮游动物,又叫鱼虫、苍虫。水蚤的体色根据其食物的不同而呈现出绿色、棕色、红棕色和灰色。在我国各地的河流、湖泊、池塘中均有分布。水蚤具有丰富的营养且容易消化,是锦鲤鱼苗、鱼种的适口饵料。以水蚤为食物的锦鲤,不仅生长良好,而且对于缺氧、污染等不良环境的耐受力提高。须注意的是水蚤在饲喂前必须反复清洗,以免带入病原。

● 水蚯蚓

水蚯蚓(红线虫、丝蚯蚓、颤蚓、线蛇)属环节动物中水生寡毛类,体色鲜红或青灰色,细长,一般长4厘米左右,最长可达10厘米。红线虫繁殖快、营养价值高(干物质中含粗蛋白62%,必需氨基酸总和达35%,氮回收率达98%),是锦鲤苗种期喜食的开口饵料。红线虫在投喂之前要用3%~4%食盐水或l0 mg/L高锰酸钾浸浴消毒处理,避免其体内聚集的淤泥中的毒素或病原菌对锦鲤造成危害。另外,水蚯蚓一旦死亡会立即腐败,因此要保持鲜活,可将水蚯蚓放入浅盆中，倒入少许水，置于阴凉处。每天换水 2 ～ 3 次，可保存 7 天左右。

● **摇蚊幼虫**

摇蚊幼虫（血虫、红虫）在各类水体中都有广泛的分布。摇蚊幼虫营养丰富，蛋白质含量占干物质的 41% ～ 62%，脂肪占 2% ～ 8%，大小适宜，适口性好，营养全面，富含观赏鱼所需的血红素，不会污染水体。残存的摇蚊幼虫也不会对养殖对象产生危害，由于摄取水体中的有机碎屑，还能净化水质，因此是锦鲤的高级活体饵料。摇蚊幼虫的皮质较厚，较难消化，所以投饵量不要超过总饵量的 50%，要与其他饵料混合投喂。

● **蚯蚓**

蚯蚓的蛋白质含量占干重的 53.5% ～ 65.1%，脂肪含量为 4.4% ～ 17.38%，此外，蚯蚓体内还含有丰富的维生素 D（占鲜体重的 0.04% ～ 0.073%），以及钙和磷（占鲜体重的 0.124% ～ 0.188%）等矿物质元素，是一种营养价值很高的天然饵料，经过驯食后可以成为锦鲤的优质饵料。

摇蚊幼虫

锦鲤作为杂食性鱼类，除上述动物性的天然饵料之外，还会采食豆饼、菜饼、面包屑等，也采食浮萍和池塘周围的其他植物。但应注意的是，不要饲喂菜豆、豌豆或玉米等原料，因为锦鲤不能消化这些食物表面的硬壳。尽管锦鲤的天然饵料种类繁多，但存在着来源和供给不稳定、不宜长期保存、容易携带病原、长期投喂会造成锦鲤因缺乏维生素或氨基酸而引起营养方面的疾病等缺点，因此在养殖过程中要注意不能将天然饵料作为锦鲤的常备食物，而只能作为常规饲料的补充。

蚯蚓

干虾

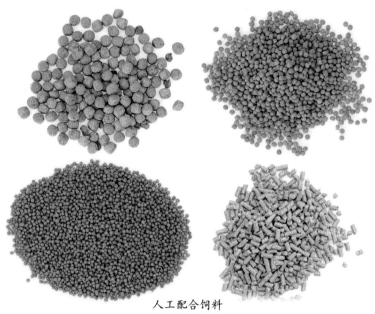

人工配合饲料

干燥饵料

    将活饵料水蚯蚓、红虫、水蚤、蚯蚓等经热风干燥或真空冷冻干燥处理，做成容易保存的粉状或固体形态。干燥饵料因加工工艺的原因其营养价值比活饵略低，但具有容易购买与保存、易于投喂等优点，因此是目前较为流行的一种饵料品种。目前国外销售的罐装血虫等干燥饵料多是采用真空冷冻干燥制成，其营养价值几乎不亚于活饵，对鱼的生长较有利。

人工配合饲料

    人工配合饲料是根据水产动物的营养需求，将多种原料按一定比例均匀混合，加工成一定形状的饲料产品。与天然饵料相比，人工配合饲料具有不少优点：配合饲料是按照锦鲤不同生长阶段的营养需求和消化生理特点配制的，营养全面平衡；经过加工过程的蒸汽调质和熟化，增强了饲料在水中的稳定性，且易于消化；配合饲料常年可制备且便于储存，不会因为天气、季节影响致使饵料供应不上，从而能保障供应，满足投饲需要。

在使用配合饲料投喂时，饲料类型和数量因锦鲤的大小和养殖规模而异。在小规模养殖环境下，虽然锦鲤是底部采食的鱼类，但经过驯化可以很快地适应到水上层摄食，因此最好选用漂浮性的膨化饲料。一来膨化饲料的熟化度较好，更有利于锦鲤的消化吸收，提高了饲料的利用率；二来膨化饲料的水中稳定性更好，能保持饲料在 1～2 小时内不散，而其漂浮性还能使养殖爱好者很方便地将水面上的残饵及时捞出，从而减少了饲料对水体的污染。如果养殖的锦鲤规格相差较大，可以将颗粒大小不同的饲料混在一起投喂，保证小鱼能吃饱。锦鲤胃小又贪食，短时间内摄食太多会造成消化不良，所以投喂应以少食多餐、无残饵为原则，每次投喂量以在 5 分钟左右吃完为宜。

在锦鲤的规模化养殖中，天然饵料的供应无法满足需求，因此更适合投喂配合饲料。目前市售的人工配合饲料品牌众多，大多数出售的锦鲤饲料都以谷类为基础，再添加不同的成分以增加锦鲤的色彩或帮助锦鲤消化，养殖者根据不同规格的鱼选择相应粒径的饲料即可。为锦鲤投喂饲料最好也采取"定时、定点、定质、定量"的四定原则。投喂量和投喂次数依据鱼的健康状况、水质状态、水温情况等作适当调整，其中水温最为重要。春秋季节水温较适宜，日投饲量可掌握在鱼体重的 1%～1.5%，分两次投喂；冬季水温低，如有摄食反应，可一天只投喂一次，日投饲量为鱼体重的0.3%～0.5%；夏季温度升高，鱼体活动量大，是主要生长期，每日可投喂 3～6 次。

锦鲤也吃各种蔬菜、粮食和鱼虾肉

锦鲤常见病和防治对策

引发锦鲤患病的病害种类很多，主要由病毒、细菌、真菌、原生动物、寄生甲壳类以及营养失调和环境恶化引起。患病的锦鲤轻则生长缓慢，体色和体形异常，影响到其观赏价值和商品价值；重则会导致死亡。

 病毒病　　　　　　　　　　　　　　　　　　　　　　　　>>>

● **鲤春病毒血症（Spring viremia of carp，简称SVC）**

鲤春病毒血症（SVC）是一种以出血为临床症状的急性传染病。

【症状】病鱼表现为无目的地漂游，体发黑，腹部肿大，皮肤和鳃渗血。解剖后可见到腹水严重带血；肠、心、肾、鳔有时连同肌肉也出血，内脏水肿。

【病原】鲤弹状病毒（*Rhabdovirus carpio*）。

【防治方法】

①最重要的是采取彻底的防疫措施，严格执行检疫制度。

②将水温提高到22℃以上可控制此病的发生。

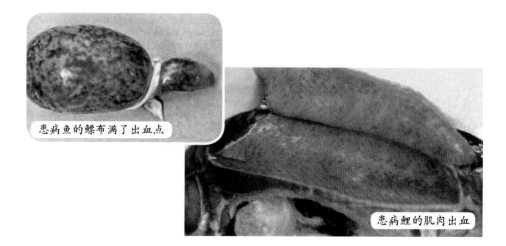

患病鱼的鳔布满了出血点

患病鲤的肌肉出血

③病鱼可通过尿、粪、鳃、黏液等排泄病毒，幸存病鱼几乎检不出病毒，但是在产卵期的生殖液中有时可检出病毒。因此，有必要对发眼卵进行消毒。锦鲤发眼卵可用有效碘浓度为 50 mg/L 的聚乙烯吡咯酮碘消毒 15 分钟。另外也可用酒精消毒。

④用消毒剂彻底消毒可预防此病的发生，用含碘量 100 mg/L 的碘伏消毒池水，也可用季铵盐类和含氯消毒剂消毒水体。

● 锦鲤疱疹病毒病（Koi herpesvirus disease，简称 KHVD）

该病仅感染锦鲤和鲤，并可导致 80% 以上的死亡率。发病高峰水温为 22 ～ 28℃。

【症状】病鱼停止游泳，多数病鱼表现为眼球及头部凹陷。鱼体上出现苍白的块斑和水泡，鳃出血并产生大量黏液或组织坏死，鳞片有血丝。

【病原】疱疹病毒（*Koi herpesvirus*）。

【防治方法】

①最重要的是采取彻底的防疫措施，严格执行检疫制度。

②使水温升至 30 ～ 32℃，维持 7 天以上，可抑制死亡。但是，愈后的鱼有可能成为带毒鱼，因此应引起注意。

③发眼卵用聚乙烯吡咯酮碘 50 mg/L 消毒 15 分钟。

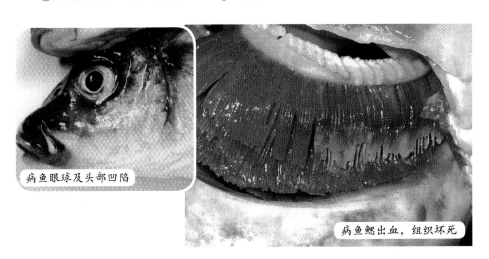

病鱼眼球及头部凹陷

病鱼鳃出血，组织坏死

锦鲤

 细菌病 〉〉〉

● **细菌性烂鳃病**（Bacterial gill-rot disease）

通常在鳃、鳍、口吻及体表出现病灶。水温在 20℃ 以上时易发病。

【症状】初期在鳃的顶端有一部分变白，或鳃瓣出现黄白色的细小附着物，黏液也开始分泌异常。然后出现淤血，变成暗红色，食欲也会降低，动作缓慢，渐渐脱离群体。症状再严重时，鳃部分变成灰白色，中心变成灰色或黄色时开始腐烂缺损，呼吸次数增加，漂浮在水面，口和鳃盖开闭频繁。严重者或沉于池底，或翻转，或时而狂奔游动，眼球凹陷或突出。

【病原】柱状屈桡杆菌（*Flexibacter columnaris*）

【防治方法】发病后应立即着手治疗，同时应防止发生蔓延。治疗锦鲤时可采用抗生素药浴和口服抗生素相结合的方法。但是由于病鱼食欲减退，口服给药时很难收到一定的疗效。在治疗锦鲤时推荐使用抗生素和食盐混合的药浴方法，在流行期间，鱼在出池或倒池前后进行药浴。

①在发病季节，每 30 天全池遍撒生石灰 1～2 次，使池水的 pH 保持在 8 左右（用药量视水的 pH 而定，一般为 15～20 mg/L）。

②盐酸土霉素短时间药浴。每吨水放入 25 克盐酸土霉素进行 4 个小时的药浴。水温高时药的投放量要少，水温低时药的投放量要多点。

③盐酸土霉素和食盐整池撒放。每吨水放入 3～5 克盐酸土霉素

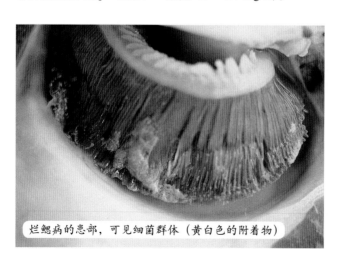
烂鳃病的患部，可见细菌群体（黄白色的附着物）

和 5 克食盐，进行 7 ～ 10 天的药浴。水温高时药的投放量要少，水温低时药的投放量要多点，和氧气循环并用效果更好。

④每千克鱼每天用 10 ～ 30 毫克卡那霉素拌饲投喂，连喂 3 ～ 5 天。

⑤每千克鱼每天用 10 ～ 30 毫克氟哌酸拌饲投喂，连喂 3 ～ 5 天。

⑥每千克鱼每天用磺胺 -2，6- 二甲嘧啶 100 ～ 200 毫克拌饲投喂，连喂 5 ～ 7 天。

⑦大黄经 20 倍 0.3% 氨水浸泡提效后，全池遍洒，浓度为 2.5 ～ 3.7 mg/L。

● 立鳞病（Lepmorthosis）

立鳞病又称竖鳞病、松鳞病、松球病等，是锦鲤的一种常见病。本病主要发生在春季，水温 17 ～ 22℃。

【症状】病鱼离群独游，游动缓慢无力。严重时身体失去平衡，身体倒转，腹部向上，浮于水面。疾病早期体表粗糙，鳞的底部积满脓性水样物、鳞片倒立，严重时全身的鳞片变得像松果球一样，所以也叫松球病。体表各处常伴有出血，并有食欲不振、眼球突出、腹部膨胀，腹腔内积有腹水。病鱼皮肤、鳃、肝、脾、肾、肠组织均有不同程度的病变。

【病原】水型点状假单胞菌（*Pseudomonas punctata fascitae*），也有人认为气单

全身呈松果状的病鱼

胞菌（*Aeromonas* spp.）也可引起此病。

【防治方法】

①鱼体受伤是引起本病的可能原因之一，因此在运输、放养和捕捞时，勿使鱼体受伤。

②用 3% 食盐水浸洗病鱼 10 ～ 15 分钟或用 2% 食盐和 3% 小苏打混合液浸洗10 分钟。

③轻轻压破鳞囊的水肿泡，勿使鳞片脱落，用 10% 温盐水擦洗，再涂抹碘酊，同时肌肉注射碘胺嘧啶钠，有明显效果。

④三氯醋酸钠药浴。每吨水放入 1 ～ 2 克，进行 5 ～ 7 天药浴。

⑤盐酸土霉素和食盐药浴。每吨水放入 3 ～ 5 克盐酸土霉素和 5 克食盐，进行7 ～ 10 天的药浴。

⑥每千克体重用 10 ～ 20 毫克的恶喹酸和饲料混合后投喂。

⑦每千克体重用 50 毫克的盐酸土霉素和饲料混合投喂一个星期以上。

⑧每千克体重每天用 100 ～ 200 毫克磺胺二甲氧嘧啶，连用 3 ～ 5 天。

⑨内服氟哌酸，每千克鱼每天用 10 ～ 30 克，连用 3 ～ 5 天。

● 嗜水气单胞菌感染（Aeromonas hydrophlia infection）

嗜水气单胞菌广泛存在于自然界中，并且有许多毒力不同的株，因而引起的症状严重程度有很大差异。

【症状】 嗜水气单胞菌感染锦鲤时，以鱼体或鳍的皮下出血性红斑为其特征。初期时体表和鳍因黏液分泌变白，不久后，即可看到皮肤、皮下出血。严重时腹部皮肤变为红色，表皮脱落、出血，形成溃疡，肛门也因充血而变红，常伴有立鳞现象。

【病原】 嗜水气单胞菌（*Aeromonas hydrophlia*）

【防治方法】 嗜水气单胞菌是淡水中普遍存在的一种常在菌，通常不具有很强的病原性。但当水质骤变、饲养环境恶化、鱼体力低下时，鱼易受到嗜水气单胞菌感染而发病。所以通常需使饲养环境完备，避免水质恶化、水温骤变等。

①硫酸铜、硫酸亚铁合剂全池泼洒，使池水浓度分别为硫酸铜 0.5 mg/L、硫酸亚

病鱼患部伴有充血

病鱼体表、鳍和口边可见出血性赤斑

铁 0.2 mg/L，隔天再进行一次，可起到预防作用。

②含氯消毒剂（60%含氯量）全池泼洒，使池水浓度为 0.3 ~ 0.5 mg/L，隔天再泼洒一次，可起到预防作用。

③鱼发病时可用盐酸土霉素等抗生素和饲料混合，进行一周左右的投喂。

④三氯醋酸钠药浴。每吨水放入 1 ~ 2 克，进行 5 ~ 7 天药浴。

⑤盐酸土霉素和食盐药浴。每吨水放入 3 ~ 5 克盐酸土霉素和 5 克食盐，进行 7 ~ 10 天的药浴。

● 水霉病（Saprolegniasis）

本病为真菌病，除在冬季易发外，在其他季节也能发生。致病的原因有两个：一是在进行选鱼等过程中造成鱼体外伤；二是在适合水霉类繁殖的 20℃ 以下水温养鱼。

【症状】鱼体表面附着称为菌丝体的绵毛状物，似毛皮状。繁殖在体表的水霉从表皮组织侵入身体里面，使寄生部位坏死。病鱼开始焦躁不安，与其他固体发生摩擦，以后鱼体负担过重，游动迟缓，食欲减退，最后瘦弱而死。在鱼卵孵化过程中，此病也常发生。内菌丝侵入卵膜内，卵膜外丛生大量外菌丝；被寄生的鱼卵因外菌丝呈放射状，故又有"太阳籽"之称。

【病原】水霉科中最常见的水霉（Saprolegnia）和绵霉（Achlya）。

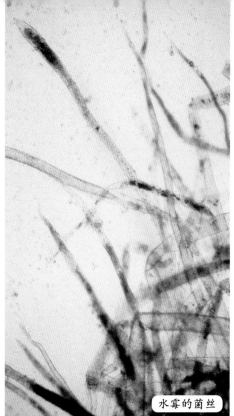

水霉病的病鱼,被水霉侵蚀的组织已坏死

水霉的菌丝

【防治方法】

①勿使鱼体受伤,同时注意合理的放养密度,能预防此病的发生。

②全池泼洒亚甲基蓝,使池水呈 2 ～ 3 mg/L 浓度,隔 2 天再泼 1 次。

③苏打、食盐混合液（1∶1）全池泼洒,使池水呈 8 mg/L 的浓度。

④用 1% ～ 3% 的食盐水溶液浸洗产卵鱼巢 20 分钟,有防病作用。

⑤内服抗细菌的药,以防细菌感染,疗效更好。

⑥使用免疫促进剂,提高鱼体抗病力,有助于预防此病发生。

 寄生虫病 〉〉〉

● **鱼波豆虫病**（Ichthyobodiasis）

【症状】 疾病早期没有明显症状。当病情严重时,可见皮肤及鳃上黏液增多,寄生处充血、发炎、糜烂。成鱼患病时,可引起鳞囊内积水、竖鳞等症状。病鱼离群独游,游动缓慢,食欲减退,甚至不吃食,呼吸困难而死。

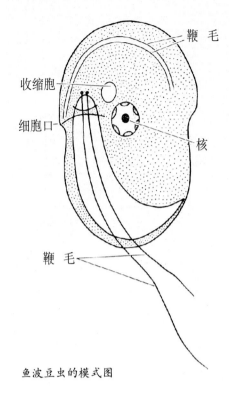

鞭 毛

收缩胞

细胞口

核

鞭 毛

鱼波豆虫的模式图

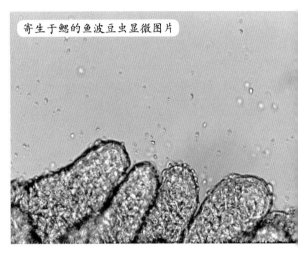

寄生于鳃的鱼波豆虫显微图片

【病原】漂游鱼波豆虫（*Ichthyobodo necatrix*）。

【防治方法】

①鱼池用生石灰或漂白粉进行消毒。

②加强饲养管理，注意水质，提高鱼体抵抗力。

③鱼种放养前用 8 ～ 10 mg/L 浓度硫酸铜（或 5:2 比例的硫酸铜、硫酸亚铁合剂）药浴 10 ～ 30 分钟。

④ 10 ～ 20 mg/L 高锰酸钾药浴 10 ～ 30 分钟。

⑤ 2%的食盐水进行 10 ～ 20 分钟的药浴，并严格遵守时间，如发现异常立即终止。

● 黏孢子虫病（Myxosporidiosis）

黏孢子虫病没有明显的流行季节，一年四季均可发现。其地理分布很广，为害也比较大。

【病原】黏孢子虫（*Myxosporidia*）属于黏体门（Myxozoa）、黏孢子纲（Myxosporea）。这一类寄生虫种类很多，主要寄生在海水、淡水鱼类中，少数寄生在两栖类和爬虫类。其中寄生于锦鲤的为害较大的黏孢子虫种类主要是野鲤碘泡虫（*Myxobolus koi*）、吉陶单极虫（*Thelohanellus kitauei*）和一种单极虫（*Thelohanellus hovorkai*）。

【症状】 病鱼症状随寄生部位和不同种黏孢子虫而不同，通常在组织中寄生的种类，形成白色胞囊。胞囊有两种类型，小型的只能在显微镜下才能见到，大型的肉眼可见。例如野鲤碘泡虫侵袭鱼体表面和鳃等组织，鳃盖因被患部压迫呈打开的状态，呼吸困难，继而变得衰弱，死亡率较高。吉陶单极虫寄生于鱼肠管内导致肠肿瘤，这种肿瘤会妨碍肠管内食物等的移动而导致摄食不良，身体变瘦。此种情景不仅使鱼失去观赏价值，而且会衰弱至死。另外一种单极虫一般常寄生于鱼的体表，头部和体表出现血斑。

有经验的话仅凭眼睛便能判断，但这种病没有有效的治疗方法，只有对发病鱼进行隔离。病鱼呼吸困难，所以供氧必须充足，另外容易并发鳃腐烂病，所以抗菌素的药浴也应该实施。发生过一次病的鱼池，每年都有再次发生的可能。

最好一发现鳃长出胞囊，就立即处理，防止传染给其他鱼，或将病鱼捞起来烧掉，或涂满石灰后埋入土中。另外，像土塘等发过病的池水有必要采取措施，防止其流入其他池中。

【预防措施】

①不从疫区购买携带有病原的苗种，严格执行检疫制度。

②用生石灰彻底清池消毒。

③不投喂带黏孢子虫病的鲜活小杂鱼等。

④发现病鱼、死鱼及时捞出，并泼洒防治药物。

⑤对有发病史的池塘或养殖水体，每月全池泼洒敌百虫 1～2 次，浓度 0.3 mg/L。

【治疗方法】

①全池遍洒晶体敌百虫浓度为 0.3 mg/L，可减轻寄生在鱼体体表及鳃上的黏孢子虫的病情。

②寄生在肠道内的黏孢子虫病，用晶体敌百虫或盐酸左旋咪唑拌饲投喂，同时再全池遍撒晶体敌百虫，可减轻病情。

野鲤碘泡虫病

野鲤碘泡虫病鳃的放大图片

野鲤碘泡虫病，鳃部形成大块的寄生体

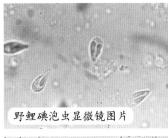

野鲤碘泡虫显微镜图片

体表单极虫的孢子显微镜图片

病鱼

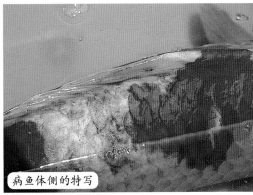

病鱼体侧的特写

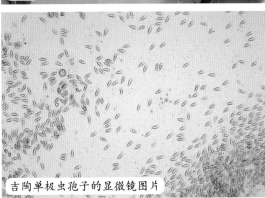

吉陶单极虫孢子的显微镜图片

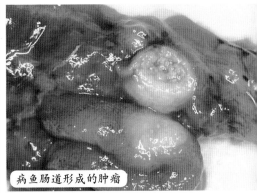

病鱼肠道形成的肿瘤

● **斜管虫病**（Chilodonelliasis）

斜管虫病是容易发生在秋冬季节低水温时期的鱼病。斜管虫是属于热带淡水鱼的寄生虫，通常只在20℃以上繁殖，但是鲤斜管虫只寄生于锦鲤、金鱼、鲤鱼等鱼体上，且在低水温下繁殖。在不利繁殖的环境下它能自己制造囊胞，并在其中长期生存，等待繁殖的好机会到来。常在20℃以下，特别是5～10℃的水温中分裂增殖，并突发性地发生。

【**症状**】鲤斜管虫寄生于鱼的鳃和鱼体上，少量寄生时对寄主为害不大，大量寄生时可引起鱼体及鳃上有大量黏液，鱼与实物摩擦，表皮发炎，坏死脱落，呼吸困难而死。鱼苗患病时，有时有拖泥症状。

【**病原**】鲤斜管虫（*Chilodonella cyprini*）。

【**防治方法**】

①鱼池用生石灰或漂白粉进行消毒。

②加强饲养管理，注意水质，提高鱼体抵抗力。

③鱼种放养前用8～10 mg/L浓度硫酸铜（或5:2比例的硫酸铜、硫酸亚铁合

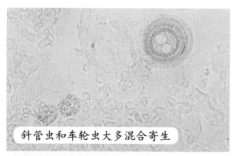
斜管虫和车轮虫大多混合寄生

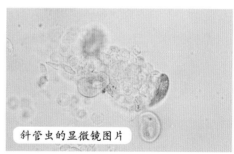
斜管虫的显微镜图片

因外部寄生斜管虫，整个体表充血

斜管虫的模式图

剂）药浴 10～30 分钟。

④ 10～20 mg/L 高锰酸钾药浴 10～30 分钟。

⑤ 2% 的食盐水，进行 10～20 分钟的药浴，并严格遵守时间，如发现异常立即终止。

● 小瓜虫病（Ichthyophthiriasis）

小瓜虫病（Ichthyophthiriasis）又叫白点病（White spot disease）。发病后，病情发展很快，传染性强，是一种最需要警戒的病。水温 25℃以下，一年中都可发病，特别是水温易变的初春梅雨季节，初秋也容易发病。再者，水温和水质突然变化也经常导致发病。白点病早期发现是关键，初期治疗能够马上消除白点病恢复健康。

【症状】因发病初期在胸鳍、头部等长出 1 毫米以下的小白点，故叫白点病。当病情严重时，躯干、头、鳍、鳃、口腔等处都布满小白点，有时眼角膜上也有小白点。寄生部分会分泌大量黏液，白而混浊；表皮腐烂、脱落；甚至蛀鳍、瞎眼；病鱼体色发黑，消瘦；游动异常，能够看见病鱼在池底使劲摩擦身体的动作，有时也能看到鱼像发疯一样的动作；没有食欲，身体衰弱，最后病鱼呼吸困难而死。

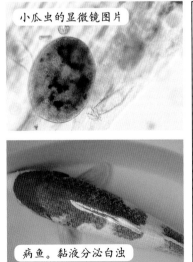

小瓜虫的显微镜图片

病鱼。黏液分泌白浊

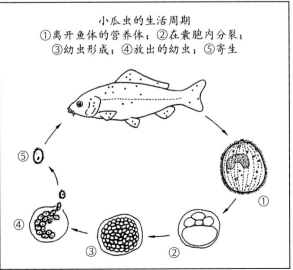

小瓜虫的生活周期
①离开鱼体的营养体；②在囊胞内分裂；
③幼虫形成；④放出的幼虫；⑤寄生

【病原】小瓜虫寄生淡水鱼上的是多子小瓜虫。

【防治方法】

预防措施：小瓜虫常随新鱼、水等侵入池中，在新鱼放入前或品评会展出后的鱼，要彻底驱虫之后再放入池中。另外，在池水非常污浊、鱼体的抵抗力下降时，小瓜虫会突然性大量繁殖，所以要十分注意池水的净化。

具体的治疗方法：

① 1%的食盐水，进行1小时药浴，连续3天。

②色素剂药浴，每吨水加亚甲基蓝1～2克。

③水温提升到28℃以上。水温一上升，小瓜虫的繁殖就停止，可以自然治愈。

为了实行有效果的治疗，投药后，在药失效之前，换掉1/3到1/2的水，再次投药，如此数次反复，大体上可完全驱虫。

● 固着类纤毛虫病（Sessilinasis）

【症状】此病较常见，固着类纤毛虫少量固着在鱼体上时一般危害不大，外表没有明显症状。但当水中有机质含量多、换水量少时，该虫大量繁殖，充满鳃及体表各处。寄生于鳃时，头部变大，鱼体纤瘦。寄生在体表时，特别是体侧的侧线附近的鳞片上有1～2处米粒大的白点，然后渐渐扩大、转移，皮肤充血、发红。症状恶化时白点部分的鳞片竖立起来，患部周围充血以及鳞片缺损脱落，然后表皮出现溃疡。鱼会有用力摩擦体表的动作，到了末期就会在接近水面的地方浮游，并变得食欲不振。在水中溶氧较低时，可引起大批死亡。

【病原】固着类纤毛虫种类很多，最常见的为聚缩虫（*Zoothamnium* spp.）、累枝虫（*Epistylis* spp.），其次为钟虫（*Vorticella* spp.）、拟单缩虫（*Pseudocarchesium* spp.）、单缩虫（*Carchesium* spp.）及杯体虫（*Apiosoma* spp.）

【防治方法】

①泼撒亚甲基蓝，每吨水泼撒亚甲基蓝1～2克即可。

②用食盐水进行短时间的药浴。每吨水放入食盐20千克进行10分钟药浴，恢复期进行多日反复药浴。另外，需注意水的pH不能变化太大。

③用碘酒涂擦患部，反复数日。如果渗入鳃中会引起药害，所以应注意不要涂

到患部以外的部位。

　　④用三氯醋酸钠进行药浴，每吨水用 1 ～ 2 克进行 5 ～ 7 天药浴。

　　⑤用盐酸土霉素进行药浴，每吨水用 3 ～ 5 克进行 5 ～ 7 天的药浴。

　　⑥直接投喂盐酸土霉素，将盐酸土霉素拌入饲料中，按每千克体重 50 毫克的药量，投喂 5 ～ 7 天。

　● **车轮虫病**（**Trichodiniasis**）

　　【症状】车轮虫主要寄生在鱼的鳃和体表各处，少量寄生时，没有明显症状。多量寄生时，鱼体黏液分泌异常，特别表现在头部白浊，身体充血，没有食欲，接

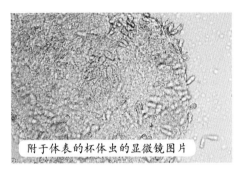

附于体表的杯体虫的显微镜图片

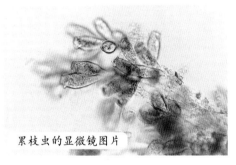

累枝虫的显微镜图片

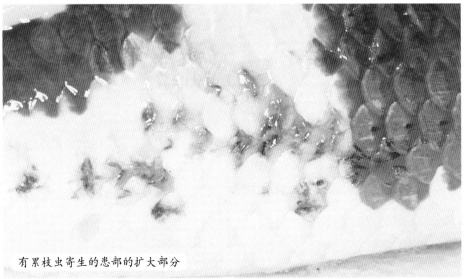

有累枝虫寄生的患部的扩大部分

鳃部寄生了指环虫的锦鲤

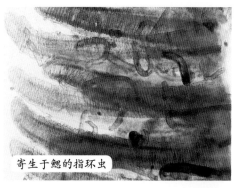

寄生于鳃的指环虫

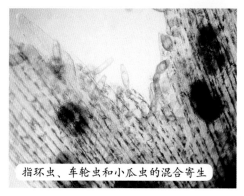

指环虫、车轮虫和小瓜虫的混合寄生

近水面浮游，或聚集在注水口，而且动作缓慢，有时使劲摩擦身体，甚至呼吸困难而死。有时会出现这种特殊情况：饲养10天多的鱼苗，被大量车轮虫寄生时，鱼会成群结队围绕池边狂游，呈"跑马"症状。

【病原】车轮虫（*Trichodina* spp.）和小车轮虫（*Trichodinella* spp.）

【防治方法】见固着类纤毛虫病的防治方法。

● 指环虫病（Dactylogyriasis）

【症状】大量寄生时，病鱼鳃丝黏液增多，鳃丝肿胀、苍白色、贫血。病鱼鳃盖张开，呼吸困难，游动缓慢而死。指环虫在鳃丝的任何部位都可寄生，它用后固着器上的中央大钩和边缘小钩钩在鳃上，用前固着器粘附在鳃上，并可在鳃上爬行，引起鳃组织死亡。致使病鱼全身性缺氧，而加剧各器官出现广泛性病变。

【病原】指环虫（*Dactylogyrus* spp.）该虫属于单殖吸虫，其中寄生于鲤鱼的主要是坏鳃指环虫（*Dactylogyrus vastator*）、宽指环虫（*Dactylogyrus extensus*）和小指环虫（*Dactylogyrus minutus*）

【防治方法】

①鱼种放养前，用20 mg/L的高锰酸钾浸洗15～30分钟，以杀死鱼体上寄生

的指环虫。

②全池遍撒90%晶体敌百虫，使池水浓度达0.2～0.3 mg/L；或用2.5%敌百虫粉剂1～2 mg/L浓度全池遍洒。

③用1%～1.5%的盐水浸泡病鱼20分钟可以驱虫。

④200～250 mg/L浓度的福尔马林浸洗病鱼25分钟或25～30 mg/L的浓度的福尔马林全池泼洒。

● 锚头鳋病（Lernaeosis）

【症状】雌成虫固着、寄生于鱼体表，由于其头部钻入宿主的皮肤组织内，结果使寄生部位的周边发生炎症并分泌大量黏液。钻入部位的皮肤及其下面的肌肉坏死，引起细菌、原虫、霉菌等的再次感染，寄生部位的鳞片被"蛀"成缺口，鳞片的色泽较淡，在虫体寄生处亦出现充血的红斑，但肿胀一般较不明显。大量寄生时病鱼呈现不安、食欲减退，继而鱼体消瘦，游动缓慢而死。

【病原】鲤锚头鳋（*Lernaea cyprinacea* Linnaeus，1758）。名字的由来是因其头部有锚形突起，学名叫作*Lernaea cyprinacea*。属于甲壳类的一种，被分类为水蚤类。雌成虫1厘米大，有1对卵囊。从这个卵囊孵化的幼虫（无节幼体）从鱼体分离后有一段时间自由生活，然后再寄生于鱼体。所以最好于这段时间对幼虫进行驱虫。附着于鱼体的幼虫桡足幼体期成熟后交配，雄虫随即死去并从鱼体脱落。雌虫则生存下来，呈锚形的突起打进鱼体组织进入固定生活。锚头鱼蚤在

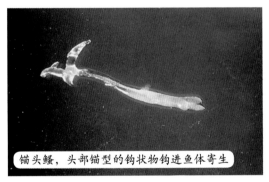

锚头鳋，头部锚型的钩状物钩进鱼体寄生

附于鱼体的锚头鳋，在顶端部分有积满卵的卵囊

12 ～ 33℃都可以繁殖，继而成长至 6 ～ 7 毫米长时开始产卵，在一个半月至两个月的寿命期间产卵约 5000 个，以此周期重复循环。如放置不管的话，则会以天文数字增长。为抑制大量繁殖，宜在春季进行彻底的驱虫。

【防治方法】

全池泼撒晶体敌百虫，使池水浓度呈 0.3 ～ 0.7 mg/L，杀死池中锚头鳋的幼虫，根据锚头鳋的寿命及繁殖特点，须连续下药 2 ～ 3 次，每次间隔的天数随水温而定。一般为 7 天，水温高时间隔的天数少；反之，则多。敌百虫对成虫或卵囊内的卵的驱除没有效果，可驱除刚从卵里孵出的幼虫，但须反复使用才可看到效果。另外为防止伤口的二次感染须用抗菌剂或消毒剂进行消毒。

● 鲺病（Arguliosis）

【症状】鲺寄生在鱼的体表、口腔、鳃。成虫、幼虫均需寄生生活。由于鲺腹面有许多倒刺，在鱼体上下不断爬动，形成刺伤，大颚撕破体表，使体表形成很多伤口、出血，病鱼呈现极度不安，急剧狂游和跳跃，严重影响食欲，鱼体消瘦，且容易并发赤皮病、立鳞病等，常引起幼鱼大批死亡。

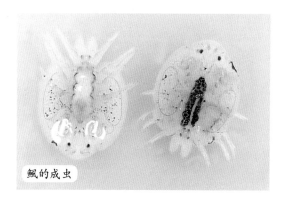

鲺的成虫

【病原】鲺（*Argulus* spp.）

【防治方法】全池泼撒晶体敌百虫，使池水浓度呈 0.3 ～ 0.7 mg/L。隔周后再驱虫一次。另外为防止伤口的二次感染须用抗菌剂或消毒剂进行消毒。

赏鱼篇

　　在鉴赏锦鲤中，有四项基本原则：匀称健硕的体形、清晰艳丽的色质、分布合理并具有特色的花纹和优美顺畅的泳姿。其中，备受重视的是体形，没有良好的体形，花纹再好也不会是一条优质锦鲤。要在一群锦鲤鱼中鉴赏出最好的锦鲤，似乎简单，学问却非常的深奥，需要有深入的理论研究和相当的实践经验。

正在鉴赏评判的锦鲤

 # 锦鲤的基本鉴赏方法

 ## 鉴赏匀称健硕的体形 〉〉〉

在鉴赏锦鲤中，备受重视的是体形。没有良好的体形，花纹再好也不会是一条优质锦鲤。要在一群锦鲤鱼中把体形最好的找出来，听起来很简单，其实它的学问却非常的深奥。因此鉴别锦鲤的体形是否良好，还是需要有相当的经验。

那么，我们就从头到尾来看看锦鲤的体形要如何去鉴别。

● 眼睛

首先要看它的眼睛的距离。两只眼睛之间的距离是否够宽，两眼相隔较宽的锦鲤通常都会长得比较大。

● 头部

就是头部的长度够不够长，两边的脸颊是否均衡丰满，头顶一定要饱满；头顶扁平的锦鲤不太理想。眼睛和嘴巴的距离会不会太短，如果这个部位太短就会形成三角形的头，这是很不理想的。

● 吻

吻要厚一点，吻薄的锦鲤想要养成为大型鱼是很困难的。

● 胡须

胡须也不能太小，不过锦鲤往往会因为受惊时的冲撞或被寄生虫感染时的磨擦而将胡须损伤，再生的胡须因而短小，所以这个部位只提供参考。

● 胸鳍

胸鳍会因品类之不同而有不一样的形状，原则上太小、太尖或三角形的胸鳍都不算好。另外在游动中胸鳍往前划动的幅度太大，看起来很吃力的样子，表示这尾锦鲤的健康可能会有问题。身体从胸鳍到尾柄这一段体形一定要很顺畅，没有突然的隆起或凹陷。

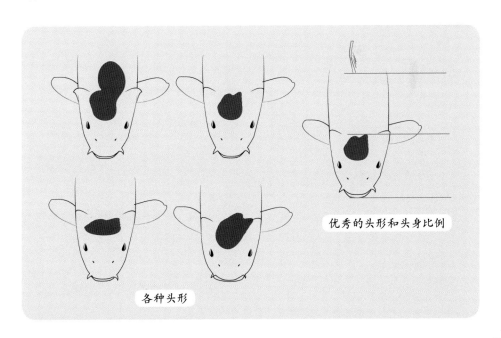

优秀的头形和头身比例

各种头形

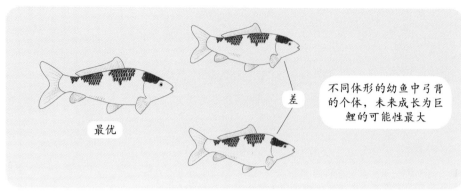

差

不同体形的幼鱼中弓背的个体，未来成长为巨鲤的可能性最大

最优

● 尾柄

尾柄要粗壮，从尾柄也可看出一尾鱼的体格和发育是否良好。由上往下看鱼体要有适当的宽度之外，也一定要有适当的侧高，虽然说侧高的高度也会因品类之不同有所区别，但它的最高点应该要在背鳍前一点的地方。如侧高最高点是在背鳍的中间，看起来像驼背的样子是不合格的。

● 尾鳍

最后是尾鳍部分。尾鳍虽然很薄，但还是要让人有深厚有力的感觉，最好不要太长，尾鳍的叉型凹处也不要太深。总之良好的体形是优质锦鲤的基础，有良好的基础才能有望培育出一条优质的锦鲤。

● 身材

在欣赏锦鲤中，身材大小虽然不能算一项非比不可的条件，但在实际欣赏中，身材高大的锦鲤往往会更吸引人们的目光，会更能体现出锦鲤的健硕有力的泳姿。

鉴赏清晰艳丽的色质　　　　　　　　　　　　　　>>>

锦鲤作为观赏鱼，体色是观赏的一个非常重要的点，体表颜色的质量，是鉴赏优质锦鲤的一个重要标准。如何去评定锦鲤体色的质量好坏呢？

● 色纯

首先是色纯、浓厚且油润。如果色不纯，有杂色，就不是高品质的颜色；而色薄，颜色很浅，就很难体现出其艳丽，这样的色质就很差，具有这种色质的锦鲤一定不是高质量的锦鲤;有些色斑虽然色纯而浓厚,但在色斑中显露出底色而形成俗称"开天窗",这也不是高质量锦鲤应具有的色质。

● 色质油润

首先色质油润,色浓厚而显油润,则更显其色彩艳丽,如色淡而无光泽,则不是高质量锦鲤应具有的色质。其次由于锦鲤的血统不同,品系不一样,其色的深浅厚薄也有所不同。例如在红白类锦鲤中,大日品系的红白,其红斑带橙色,显得比较鲜艳明亮;而仙助品系的红白,其红斑则比较浓厚而色深,显得较暗一些;又如小川品系的红白,其红斑则表现得厚而比较细腻油润。光泽类锦鲤中的黄金、张分黄金的色较浅而呈现淡黄金色,而菊水黄金则色厚深而显得橙黄。又如锦鲤色斑中的白斑,这在许多锦鲤品种中都具有的颜色,称为白质,而且白质也是近年来在日本全国品评会和世界各品评会中比较重视的颜色,其色质的好坏直接影响其得分和获奖的名次。高品质的白斑是细腻雪白无杂色,而低品质的白斑则带灰而色暗,或带黄,而使得白斑色质低下,这不是高品质锦鲤应具备的色质。所以我们在鉴赏锦鲤的色质时,应根据其血统和品系来具体鉴定。

参加比赛的锦鲤

锦鲤

颜色鲜明的锦鲤

 鉴赏合理分布的花纹　　　　　　　　　　　　　　>>>

　　锦鲤是观赏性鱼类，花纹分布的好坏会直接影响其观赏效果。而鉴赏锦鲤的花纹，是比较直接的，就算一个初入门者，要在一群锦鲤中挑选出花纹分布好的锦鲤还是比较容易。可以说是入门容易，但要真正掌握，还要下一定的功夫。那什么样的花纹分布才算是优秀的花纹呢？

　　● **整体分布匀称**

　　我们鉴赏锦鲤的花纹，首先要看整体，整体的花纹分布要匀称，也就是说花纹分布不能集中在某一处或某一边，而其他部位没有或太少花纹，这样的花纹不是好的花纹。

　　● **个性特征突出**

　　除了整体的花纹分布匀称外，还要在观赏重点处有特色，这样才会显出它的个性特征，比如在头部、肩部的花纹要有变化，特别在肩部的花纹一定要有断裂，这就是俗称的"肩裂"。如果没有肩裂，在观赏重点上就缺少了变化，这样的花纹就显得平淡无味而缺少值得细品之处，因而也可以说不能算是好的花纹。

　　● **好的收尾色斑**

　　除了头部和肩部以外，在尾柄上的花纹也很重要，一条花纹分布很好的锦鲤，如果在尾柄部没有一处很好的收尾色斑，就等于没有了结尾，也是不完美的。花纹除在背部分布外，还应向腹部延伸，这就是俗称的"卷腹"。具有卷腹花纹的锦鲤，更充满力感，使锦鲤更体现出其健硕的美姿。

● 墨斑位置得当

在花纹的鉴赏中，除了整体的花纹分布外，还应根据其品种特征来鉴赏。如大正三色，除红斑的分布外，其墨斑的分布也很重要。墨斑应主要分布于前半部分，但同时分布在红斑上，就不算是好的斑纹位置；如分布在白斑上，也就是俗称的"穴墨"，这可是非常好的位置。这些穴墨在品评中往往会获得较高的分数。又如"丹顶"，不管是丹顶红白，还是丹顶大正、丹顶昭和、张分丹顶，其头顶部的斑块位置，都应在头部的正中央，前不到吻部，后不超过头骨盖，两边不到眼睛，这才是好的丹顶，否则都是不好的花纹，其品质也大大降低。

目前，在商品市场上，还有一些进行人工修理斑纹的，就是把色斑多余的部位用人工的手段除去；或用植皮的方法加上色斑，以达到色斑的分布匀称。人工除去的色斑在一段时间后还是会长回来，这种做法不应提倡。

墨斑清晰的鱼

产于中国的长鳍锦鲤在欧美尤其受到欢迎

 ## 鉴赏优美顺畅的泳姿 〉〉〉

　　锦鲤是"会游泳的艺术品"，它的泳姿就必然成为鉴赏的条件之一。泳姿是否优美顺畅，是否健硕有力，则是鉴赏的一个标准。如果锦鲤在水中游动时，身体歪扭，像蛇行游动，或经常是侧着身体在游动，那这样的泳姿是不合格的。一尾锦鲤，它的胸鳍划动是否有力，尾柄摆动是否适中，都是评价锦鲤的重要因素。动作太小，显得软弱无力，不能体现出锦鲤的健硕有力的一面；动作太大，就显得有些夸张而不协调。如果是常静卧水下部，那这尾锦鲤就有可能健康出现问题，应检查是否已得了病。

　　如果一尾锦鲤在体形、色质、花纹和泳姿四个方面具有优点，再加上硕大的身材，就更能体现出它"会游泳的艺术品"的格调，观赏起来就更令人心旷神怡了。因此各锦鲤养殖场的养殖者们和众多锦鲤爱好家，都向养殖大身材、大规格的锦鲤为目标，以能养出具有上述四个条件的，并且能长到1米以上的大锦鲤为荣。

锦鲤与鲤鱼文化

从原始崇拜到爱情象征 >>>

对鲤鱼的崇拜自上古时期就已经开始。在中国多处母系氏族社会遗址出土的陶器上，都绘有或刻有鱼纹。在陕西西安附近的半坡遗址中，曾发现许多鱼纹彩陶。这些精美的图案很可能是"图腾徽号"，也有一些则是鱼祭场景的描述。古人为什么会崇拜鲤鱼呢?

一是鲤鱼多子，生命力、繁殖力极强。原始社会时代，人口众多意味着部落的强大。二是古人以鱼象征女性生殖器，并由此诞生了一种祭祀礼仪——鱼祭，用于祈求人口繁盛。三是某些部落之人认为人类由鱼进化而来，或与鱼之间具有某种神秘的联系，因而膜拜崇敬。随着社会的发展，鱼又具有象征女性的意义，再进一步具有了象征男女配偶、情侣以至于爱情的意义。于是，鱼特别是鲤鱼当然地成为中国人社会生活中的一种吉祥物，在中华文化里流传下来。

从鲤跃龙门到历代励志 >>>

宋代《埤雅·释鱼》中有这样一句说："俗说鱼跃龙门，过而为龙，唯鲤或然。"说的是相传上古时期，大禹在开通河道时，有一座大山挡住河道。大禹带领民众凿开大山，开出一里多宽的河道，远远望去形状仿佛大门一般，称为龙门。传说每年黄河中的鲤鱼都会逆流而上，竞相跳过龙门，得过者便化为龙。其他没有越过的，有些触到石壁，碰伤额头，便在额上留下一个黑斑，点额而返。所以许多黄河鲤鱼额头的部位都有一块黑斑。就是唐代李白诗中所述的："黄河三尺鲤，本在孟津居。点额不成龙，归来伴凡鱼。"这与古时科举入仕颇有相近之处，因此参加会试获得进士功名的，也被称作"登龙门"。落第不中者被称作点额而返。

每年都有大量的商品锦鲤苗投放到市场

"鲤跃龙门，化身为龙"便用来形容一个人地位的急剧提升。在这一传说中，选择众多种类的鱼中之鲤作为传说的主角，为中国鲤文化开了先锋。

 ## 从平凡之鲤入文化习俗 〉〉〉

在古代文献中，鲤鱼被称为"鳞介之主""诸鱼之长"，有神变化龙、呼风唤雨的本领，多是源于洪水来临之时鲤鱼还能自由生存、不受影响的品质。考古成果也表明，自商周起，古人就有以玉鱼随葬的风俗；战国以降，又出现了铜鱼、陶鱼、木鱼等鱼形葬物，这些鱼多数是以鲤鱼为形。春秋时，孔子为儿子取名鲤。由此可见，以鲤为祥瑞的习俗，在春秋时已经开始普及。

在浩瀚的历史长河中，中国人日益赋予鲤鱼以丰富的文化内涵。

《诗经·陈风·衡门》云"岂其取妻，必齐之姜；岂其食鱼，必河之鲤"，把鲤鱼与婚姻的美好相联系。

汉乐府诗《饮马长城窟行》："客从远方来，遗我双鲤鱼，呼儿烹鲤鱼。中有尺素书。长跪读素书，书中竟何如？上言加餐食，下言长相忆。"在汉乐府诗中，又以鱼寄托友谊。

《史记·周本记》上记载"周王朝有鸟、鱼有瑞"，商肆店铺开张之日，特意将蓄养鲤鱼的鱼缸放在门前以求"利市""大吉"。年画和吉祥图中鱼大部分以鲤鱼和金鱼展现，因为"鲤"与"利"谐音，"金"则表示财富，所以它们就常和生意联系在一起，用来象征生意中获利。

在我国古代建筑物或家用图饰上，常常可见一种八宝图的图饰，其中一宝即为玉鱼（双鱼），寓意吉祥。

其实，鲤鱼被视为"九五之尊"，始盛于唐代。由于"鲤"与"李"巧合谐音，鲤鱼姓了唐朝皇家之姓，尊"鲤"之风能不盛行

市场上出售的锦鲤

吗？皇帝和达官显贵，身上都佩有鲤鱼形饰物，朝廷发布命令或调动军队，皆用鲤鱼形状的兵符。可见，唐朝的鲤鱼文化已经提升到至高无上的地位，而后的逐渐演变发展都是基于这些因素及其延伸。

在现代中华文化中，鲤文化最突出的表现是其祥瑞和富裕的寓意。民间吉祥纹图中的鲤鱼无所不在，年画、窗花剪纸、建筑雕塑、织品花绣和器皿描绘，到处可见鲤鱼的形象，由于"鱼"与"余"的谐音，"连年有余""吉庆有余""富贵有余"都以鱼为形象，祈盼子孙绵延和丰收，表达着人们对美好生活的向往。

鲤鱼作为人类经常能见到的生物，凭借其在惊涛骇浪中自由自在游弋的能力，在中华文化的历史长河中激起一朵美丽的浪花，这浪花不但在中华几千年文明史上连绵，也激荡在世界文明中。

从鲤鱼文化的东渡到传播发展 〉〉〉

战国时期，鲁昭公赠鲤给孔子以贺其得子之事逐渐演变成了习俗。有人生子，亲朋好友往往执鲤前去祝贺，或馈赠鲤鱼形的礼物，寄意新生儿健状如鲤，不怕艰险，搏浪成长。

在中国广州举办的亚洲锦鲤大赛

在中国北京举办的锦鲤大赛现场

　　在日本江户时代，中国"鲤鱼跳龙门"的传说传入日本。在日本，每逢男孩节这天，有儿子的人家须悬挂漂亮的鲤鱼旗，为的是祈祷上天照看好自己的孩子。鲤鱼旗是用布或绸做成的空心鲤鱼，象征着鲤鱼跳龙门。清风吹来，旗子迎风飞舞，仿佛一条条鲤鱼游弋水间，跳跃翻滚。鲤鱼旗分为黑、红和青蓝三种颜色，黑代表父亲、红代表母亲、青蓝代表男孩，青蓝旗的个数代表男孩人数，家中有多少男孩就要挂多少青蓝旗。日本人认为鲤鱼是力量和勇气的象征，悬挂鲤鱼旗表达了父母期望孩子健康成长、勇敢坚强的美好愿望。

结束语

　　锦鲤的养殖和文化已经不仅仅局限在中国和日本发展，在观赏鱼贸易高度发达的现代，它已经走向了全世界。

　　锦鲤作为一种优雅美丽的观赏鱼一旦被全世界人们彻底接受，那么其贸易量将一跃到世界观赏鱼贸易的前列。虽然，在当今的观赏鱼贸易中，产自南美洲的霓虹灯鱼、神仙鱼和中美洲的孔雀鱼位居排行榜前列，但要看到，如果单从欣赏角度来看，这些鱼和锦鲤不相上下，但锦鲤的不同意义在于，它同时具备了观赏鱼和宠物鱼的双重特征，饲养得法的锦鲤极通人性，可以在人的训导下进食，甚至和人做简单的条件反射游戏。这极大地提高了饲养者的乐趣，因此，与其他观赏鱼相比，饲养锦鲤占有明显的优势。

　　许多国家都有锦鲤爱好者，也都有各种规模的锦鲤养殖场。但我们要看到，由于世界各地的民俗文化、艺术审美不同，因此，未来锦鲤的发展必然是一个多元化的态势。虽然日本是现代锦鲤的发祥地，不过，中国和美国的锦鲤产业正突飞猛进地发展，尤其是中国，有中国特色的锦鲤很可能会影响到世界对锦鲤的看法。

由于锦鲤本身就是一种杂交鱼类，多数品种基因性状尚不稳定，锦鲤现有的品种，多数是按照日本民族的审美鉴赏标准培育出来的，并不完全符合其他国家和地区人民的审美标准。因此，当它们传播到世界各地后，往往容易被各国按照自己的审美趣味进行改良，中国的龙凤鲤、德国的画鲤就是典型的代表。

随着科技的不断发展，随着基因工程的不断深入，新的技术被运用到了锦鲤的品种培育上，培育出新、奇、特锦鲤将成为现实。如今，全世界有许多养殖者和爱好者正在尝试用锦鲤和本土鲤鱼进行杂交，培育出更具本国特色的观赏鲤鱼。中国的苏鄂先生、美国的A.D. Koning 等就是这方面的典范。

在当今世界，城市化节奏加快，许多人选择用水族箱饲养观赏鱼，而不是用池塘，特别是在亚洲的发展中国家，城镇人们大多没有庭院，只能在房间中用水族箱养鱼。随着水族产业的发展，锦鲤很有可能走向一个新的培育领域，那就是培育出适合在玻璃鱼缸中欣赏的锦鲤，这必然是锦鲤今后发展的一个方向。

相信不久的将来，锦鲤这一优秀的观赏鱼必将让全世界更多爱好者所接受、所欣赏，并展示出其无穷的魅力。